全国一级建造师执业资格考试历年真题+冲刺

市政公用工程管理与实务

历年真题+冲刺试卷

全国一级建造师执业资格考试历年真题+冲刺试卷编写委员会　编写

中国建筑工业出版社

图书在版编目（CIP）数据

市政公用工程管理与实务历年真题+冲刺试卷／全国一级建造师执业资格考试历年真题+冲刺试卷编写委员会编写．— 北京：中国建筑工业出版社，2023.11

全国一级建造师执业资格考试历年真题+冲刺试卷

ISBN 978-7-112-29421-3

Ⅰ．①市…　Ⅱ．①全…　Ⅲ．①市政工程-工程管理-资格考试-习题集　Ⅳ．①TU99-44

中国国家版本馆 CIP 数据核字（2023）第 238136 号

责任编辑：余　帆
责任校对：芦欣甜

全国一级建造师执业资格考试历年真题+冲刺试卷

市政公用工程管理与实务

历年真题+冲刺试卷

全国一级建造师执业资格考试历年真题+冲刺试卷编写委员会　编写

*

中国建筑工业出版社出版、发行（北京海淀三里河路 9 号）

各地新华书店、建筑书店经销

北京鸿文瀚海文化传媒有限公司制版

北京盛通印刷股份有限公司印刷

*

开本：787 毫米×1092 毫米　1/16　印张：10½　字数：253 千字

2023 年 12 月第一版　　2023 年 12 月第一次印刷

定价：**40.00** 元（含增值服务）

ISBN 978-7-112-29421-3

（42086）

前　言

《全国一级建造师执业资格考试历年真题+冲刺试卷》丛书是严格按照现行全国一级建造师执业资格考试大纲的要求，根据全国一级建造师执业资格考试用书，在全面锁定考纲与教材变化、准确把握考试新动向的基础上编写而成的。

本套丛书分为八个分册，分别是《建设工程经济历年真题+冲刺试卷》《建设工程项目管理历年真题+冲刺试卷》《建设工程法规及相关知识历年真题+冲刺试卷》《建筑工程管理与实务历年真题+冲刺试卷》《机电工程管理与实务历年真题+冲刺试卷》《市政公用工程管理与实务历年真题+冲刺试卷》《公路工程管理与实务历年真题+冲刺试卷》《水利水电工程管理与实务历年真题+冲刺试卷》，每分册中包含五套历年真题及三套考前冲刺试卷。

本套丛书秉承了"探寻考试命题变化轨迹"的理念，对历年考题赋予专业的讲解，全面指导应试者答题方向，悉心点拨应试者的答题技巧，从而有效突破应试者的固态思维。在习题的编排上，体现了"原创与经典"相结合的原则，着力加强"能力型、开放型、应用型和综合型"试题的开发与研究，注重与知识点所关联的考点、题型、方法的再巩固与再提高，并且题目的难易程度和形式尽量贴近真题。另外，各科目均配有一定数量的最新原创题目，以帮助考生把握最新考试动向。

本套丛书可作为考生导学、导练、导考的优秀辅导材料，能使考生举一反三、融会贯通、查漏补缺，为考生最后冲刺助一臂之力。

由于编写时间仓促，书中难免存在疏漏之处，望广大读者不吝赐教。衷心希望广大读者将建议和意见及时反馈给我们，我们将在以后的工作中予以改正。

读者如果对图书中的内容有疑问或问题，可关注微信公众号【建造师应试与执业】，与图书编辑团队直接交流。

建造师应试与执业

目　　录

全国一级建造师执业资格考试答题方法及评分说明

全国一级建造师执业资格考试设《建设工程经济》《建设工程项目管理》《建设工程法规及相关知识》三个公共必考科目和《专业工程管理与实务》十个专业选考科目（专业科目包括建筑工程、公路工程、铁路工程、民航机场工程、港口与航道工程、水利水电工程、矿业工程、机电工程、市政公用工程和通信与广电工程）。

《建设工程经济》《建设工程项目管理》《建设工程法规及相关知识》三个科目的考试试题为客观题。《专业工程管理与实务》科目的考试试题包括客观题和主观题。

一、客观题答题方法及评分说明

1. 客观题答题方法

客观题题型包括单项选择题和多项选择题。对于单项选择题来说，备选项有4个，选对得分，选错不得分也不扣分，建议考生宁可错选，不可不选。对于多项选择题来说，备选项有5个，在没有把握的情况下，建议考生宁可少选，不可多选。

在答题时，可采取下列方法：

（1）直接法。这是解答常规客观题所采用的方法，就是考生选择认为一定正确的选项。

（2）排除法。如果正确选项不能直接选出，应首先排除明显不全面、不完整或不正确的选项，正确的选项几乎直接来自于考试教材或者法律法规，其余的干扰选项要靠命题者自己去设计，考生要尽可能多排除一些干扰选项，这样就可以提高找出正确答案的概率。

（3）比较法。直接把各备选项加以比较，并分析它们之间的不同点，集中考虑正确答案和错误答案关键所在。仔细考虑各个备选项之间的关系。不要盲目选择那些看起来、读起来很有吸引力的错误选项，要去误求正、去伪存真。

（4）推测法。利用上下文推测词义。有些试题要从题干语句结构及语法知识推测入手，配合考生自己平时积累的常识来判断其义，推测出逻辑条件和结论，以期将正确的选项准确选出。

2. 客观题评分说明

客观题部分采用机读评卷，必须使用2B铅笔在答题卡上作答，考生在答题时要严格按照要求，在有效区域内作答，超出区域作答无效。每个单项选择题只有1个备选项最符合题意，就是4选1。每个多项选择题有2个或2个以上备选项符合题意，至少有1个错项，就是5选2~4，并且错选本题不得分，少选，所选的每个选项得0.5分。考生在涂卡时应注意答题卡上的选项是横排还是竖排，不要涂错位置。涂卡应清晰、厚实、完整，保持答题卡干净整洁，涂卡时应完整覆盖且不超出涂卡区域。修改答案时要先用橡皮擦将原涂卡处擦干净，再涂新答案，避免在机读评卷时产生干扰。

二、主观题答题方法及评分说明

1. 主观题答题方法

主观题题型是实务操作和案例分析题。实务操作和案例分析题是通过背景资料阐述一个项目在实施过程中所开展的相应工作，根据这些具体的工作提出若干小问题。

实务操作和案例分析题的提问方式及作答方法如下：

（1）补充内容型。一般应按照教材将背景资料中未给出的内容都回答出来。

（2）判断改错型。首先应在背景资料中找出问题并判断是否正确，然后结合教材、相关规范进行改正。需要注意的是，考生在答题时，有时不能按照工作中的实际做法回答，因为实际做法和标准答案之间往往存在很大差距，即使答了很多，得分却很低。

（3）判断分析型。这类题型不仅要求考生答出分析的结果，还需要通过分析背景资料来找出问题的突破口。需要注意的是，考生在答题时要针对问题作答。

（4）图表表达型。结合工程图及相关资料表回答图中构造名称、资料表中缺项内容。需要注意的是，关键词表述要准确，避免画蛇添足。

（5）分析计算型。充分利用相关公式、图表和考点的内容，计算题目要求的数据或结果。最好能写出关键的计算步骤，并注意计算结果是否有保留小数点的要求。

（6）简单论答型。这类型题主要考查考生记忆能力，一般情节简单、内容覆盖面较小。考生在回答这类型题时要直截了当，有什么答什么，不必展开论述。

（7）综合分析型。这类型题比较复杂，内容往往涉及不同的知识点，要求回答的问题较多，难度很大，也是考生容易失分的地方。要求考生具有一定的理论水平和实际经验，对教材知识点要熟练掌握。

2. 主观题评分说明

主观题部分评分是采取网上评分的方法来进行，为了防止阅卷人评分宽严度差异对考生产生影响，每个阅卷人员只评一道题的分数。每份试卷的每道题均由两位评卷人员分别独立评分，如果两人的评分结果相同或很相近（这种情况比例很大）就按两人的平均分为准。如果两人的评分差异较大（超过4~5分，出现这种情况的概率很小），就由评分专家再独立评分一次，然后用专家所评的分数和与专家评分接近的那个分数的平均分数为准。

主观题部分评分标准一般以准确性、完整性、分析步骤、计算过程、关键问题的判别方法、概念原理的运用等为判别核心。标准一般按要点给分，只要答出要点、基本含义一般就会给分，不恰当的错误语句和文字一般不扣分，要点分值最小一般为0.5分。

主观题部分作答时必须使用黑色墨水笔书写，不得使用其他颜色的钢笔、铅笔、签字笔和圆珠笔。作答时字迹要工整、版面要清晰。而且书写不能离密封线太近，以防密封后评卷人不容易看到；书写的字不能太粗、太密、太乱，最好买支极细笔，字体稍微写大点、工整点，这样看起来工整、清晰，评卷人也愿意多给分。

主观题部分作答应避免答非所问，因此考生在考试时要答对得分点，答出一个得分点就给分，说得不完全一致，也会给分，多答不会给分的，只会按点给分。不明确用到什么规范的情况就用“强制性条文”或者“有关法规”代替，在回答问题时，只要有可能，就在答题的内容前加上这样一句话：“根据有关法规或根据强制性条文”，通常这也是得分点。

主观题部分作答应言简意赅，并多使用背景资料中给出的专业术语。考生在考试时应相信第一感觉，很多考生在涂改答案过程中往往把原来对的改成错的，这种情形很多。在确定完全答对时，就不要展开论述，也不要写多余的话，能用尽量少的文字表达出正确的意思就好，这样评卷人看得舒服，考生也能省时间。如果答题时发现错误，不得使用涂改液等修改，应用笔画个框圈起来，打个“×”即可，然后再找一块干净的地方重新书写。

2019—2023 年《市政公用工程管理与实务》真题分值统计

命题点			题型	2019 年（分）	2020 年（分）	2021 年（分）	2022 年（分）	2023 年（分）
1K410000 市政公用工程技术	1K411000 城镇道路工程	1K411010 城镇道路工程结构与材料	单项选择题	2	1	2	1	2
			多项选择题	2	4	2	4	4
			实务操作和案例分析题			17	4	4
		1K411020 城镇道路路基施工	单项选择题		2	1		
			多项选择题	2				
			实务操作和案例分析题	3	8	6	3	
		1K411030 城镇道路基层施工	单项选择题				1	
			多项选择题	2		2		
			实务操作和案例分析题	2		6		
		1K411040 城镇道路面层施工	单项选择题	1	1		2	3
			多项选择题					
			实务操作和案例分析题	15	4	4	15	10
	1K412000 城市桥梁工程	1K412010 城市桥梁结构形式及通用施工技术	单项选择题	1	2	1	1	3
			多项选择题	2	2	2	2	2
			实务操作和案例分析题	4		36	2	12
		1K412020 城市桥梁下部结构施工	单项选择题	1			1	
			多项选择题				2	
			实务操作和案例分析题	4	15	7		
		1K412030 城市桥梁上部结构施工	单项选择题	1	2		1	1
			多项选择题	2		2		
			实务操作和案例分析题	12			11	20
		1K412040 管涵和箱涵施工	单项选择题					
			多项选择题					
			实务操作和案例分析题			16		

续表

命题点			题型	2019年（分）	2020年（分）	2021年（分）	2022年（分）	2023年（分）
1K410000 市政公用工程技术	1K413000 城市轨道交通工程	1K413010 城市轨道交通工程结构与特点	单项选择题				1	1
			多项选择题	2	2			2
			实务操作和案例分析题	8			5	6
		1K413020 明挖基坑施工	单项选择题	1	1	1	1	
			多项选择题			2		
			实务操作和案例分析题	12	8	4	9	18
		1K413030 盾构法施工	单项选择题		1	2		1
			多项选择题				4	
			实务操作和案例分析题				5	
		1K413040 喷锚暗挖（矿山）法施工	单项选择题	1				
			多项选择题					2
			实务操作和案例分析题					
	1K414000 城市给水排水工程	1K414010 给水排水厂站工程结构与特点	单项选择题	1	1	1	1	1
			多项选择题	2		2	2	
			实务操作和案例分析题				4	
		1K414020 给水排水厂站工程施工	单项选择题	2	1	1	1	
			多项选择题		2	2		2
			实务操作和案例分析题	16	23	2	21	
	1K415000 城市管道工程	1K415010 城市给水排水管道工程施工	单项选择题	1	1	1	1	1
			多项选择题			2		2
			实务操作和案例分析题	7			6	8
		1K415020 城市供热管道工程施工	单项选择题		1	1	1	1
			多项选择题	2			2	
			实务操作和案例分析题					
		1K415030 城市燃气管道工程施工	单项选择题			1		
			多项选择题		2		2	2
			实务操作和案例分析题				2	

续表

命题点			题型	2019年（分）	2020年（分）	2021年（分）	2022年（分）	2023年（分）
1K410000市政公用工程技术	1K415000城市管道工程	1K415040城市综合管廊	单项选择题				1	
			多项选择题		2			
			实务操作和案例分析题				2	12
	1K416000生活垃圾处理工程	1K416010生活垃圾填埋处理工程施工	单项选择题	1	1	1	1	1
			多项选择题					
			实务操作和案例分析题					
	1K417000施工测量与监控量测	1K417010施工测量	单项选择题	1	1	1	1	
			多项选择题			2		
			实务操作和案例分析题	5				
		1K417020监控量测	单项选择题					
			多项选择题	2			1	
			实务操作和案例分析题					6
1K420000市政公用工程项目施工管理		1K420010市政公用工程施工招标投标管理	单项选择题		1			
			多项选择题					
			实务操作和案例分析题					
		1K420020市政公用工程造价管理	单项选择题			1		
			多项选择题		2			
			实务操作和案例分析题					
		1K420030市政公用工程合同管理	单项选择题		1	1	1	
			多项选择题					
			实务操作和案例分析题	3	6			
		1K420040市政公用工程施工成本管理	单项选择题					1
			多项选择题		2			
			实务操作和案例分析题					
		1K420050市政公用工程施工组织设计	单项选择题	1				
			多项选择题					
			实务操作和案例分析题		22	4	6	6

续表

命题点		题型	2019年（分）	2020年（分）	2021年（分）	2022年（分）	2023年（分）
1K420000 市政公用工程项目施工管理	1K420060 市政公用工程施工现场管理	单项选择题	1				
		多项选择题					
		实务操作和案例分析题		10	8	5	
	1K420070 市政公用工程施工进度管理	单项选择题					
		多项选择题					
		实务操作和案例分析题	3				12
	1K420080 市政公用工程施工质量管理	单项选择题					
		多项选择题					
		实务操作和案例分析题					
	1K420090 城镇道路工程质量检查与验收	单项选择题	2		1		
		多项选择题	2				
		实务操作和案例分析题	6	4		6	6
	1K420100 城市桥梁工程质量检查与验收	单项选择题	1		2	1	
		多项选择题				2	
		实务操作和案例分析题			3		
	1K420110 城市轨道交通工程质量检查与验收	单项选择题					
		多项选择题					
		实务操作和案例分析题	4				
	1K420120 城市给水排水场站工程质量检查与验收	单项选择题	1				
		多项选择题					
		实务操作和案例分析题					
	1K420130 城市管道工程质量检查与验收	单项选择题		1	1		2
		多项选择题					2
		实务操作和案例分析题	9	4	4	3	
	1K420140 市政公用工程施工安全管理	单项选择题					1
		多项选择题					2
		实务操作和案例分析题		8		5	

续表

命题点			题型	2019年（分）	2020年（分）	2021年（分）	2022年（分）	2023年（分）
1K420000 市政公用工程项目施工管理		1K420150 明挖基坑施工安全事故预防	单项选择题					
			多项选择题					
			实务操作和案例分析题					
		1K420160 城市桥梁工程施工安全事故预防	单项选择题				1	
			多项选择题					
			实务操作和案例分析题	7	8	3	6	
		1K420170 隧道工程和非开挖管道施工安全事故预防	单项选择题					
			多项选择题					
			实务操作和案例分析题					
		1K420180 市政公用工程职业健康安全与环境管理	单项选择题					
			多项选择题					
			实务操作和案例分析题					
		1K420190 市政公用工程竣工验收与备案	单项选择题				1	
			多项选择题		2			
			实务操作和案例分析题					
1K430000 市政公用工程项目施工相关法规与标准	1K431000 相关法律法规	1K431010 城市道路管理的有关规定	单项选择题					
			多项选择题					
			实务操作和案例分析题					
	1K432000 相关技术标准	1K432010 城镇道路工程施工与质量验收的有关规定	单项选择题					
			多项选择题					
			实务操作和案例分析题					
		1K432020 城市桥梁工程施工与质量验收的有关规定	单项选择题					
			多项选择题					
			实务操作和案例分析题					
		1K432030 地下铁道工程施工及验收的有关规定	单项选择题					
			多项选择题					
			实务操作和案例分析题					

续表

命题点			题型	2019年（分）	2020年（分）	2021年（分）	2022年（分）	2023年（分）
1K430000市政公用工程项目施工相关法规与标准	1K432000相关技术标准	1K432040给水排水构筑物施工及验收的有关规定	单项选择题		1			
			多项选择题					
			实务操作和案例分析题					
		1K432050给水排水管道工程施工及验收的有关规定	单项选择题					
			多项选择题			2		
			实务操作和案例分析题					
		1K432060城市供热管网工程施工及验收的有关规定	单项选择题					
			多项选择题					
			实务操作和案例分析题					
		1K432070城镇燃气输配工程施工及验收的有关规定	单项选择题					
			多项选择题					
			实务操作和案例分析题					
		1K432080城市综合管廊工程的有关规定	单项选择题					
			多项选择题					
			实务操作和案例分析题					
		1K432090工程测量及监控量测的有关规定	单项选择题					
			多项选择题					
			实务操作和案例分析题					
合计			单项选择题	20	20	20	20	20
			多项选择题	20	20	20	20	20
			实务操作和案例分析题	120	120	120	120	120

2023 年度全国一级建造师执业资格考试

《市政公用工程管理与实务》

真题及解析

微信扫一扫
查看本年真题解析课

2023 年度《市政公用工程管理与实务》真题

一、单项选择题（共 20 题，每题 1 分。每题的备选项中，只有 1 个最符合题意）

1. 关于新建沥青路面结构组成特点的说法，正确的是（　　）。

A. 行车荷载和自然因素对路面结构的影响随深度的增加而逐渐减弱，因而对路面材料的强度、刚度和稳定性的要求也随深度的增加而逐渐降低

B. 各结构层的材料回弹模量应自上而下递增，面层材料与基层材料的回弹模量比应大于或等于 0.3

C. 交通量大、轴载重时，宜选用刚性基层

D. 在柔性基层上铺筑面层时，城镇主干路、快速路应适当加厚面层或采取其他措施以减轻反射裂缝

2. 关于水泥混凝土面层接缝设置的说法，正确的是（　　）。

A. 为防止胀缩作用导致裂缝或翘曲，水泥混凝土面层应设有垂直相交的纵向和横向接缝，且相邻接缝应至少错开 500mm 以上

B. 对于特重及重交通等级的水泥混凝土面层，横向胀缝、缩缝均设置传力杆

C. 胀缝设置时，胀缝板宽度设置宜为路面板宽度 1/3 以上

D. 缩缝应垂直板面，采用切缝机施工，宽度宜为 8~10mm

3. 关于 SMA 混合料面层施工技术要求的说法，正确的是（　　）。

A. SMA 混合料宜采用滚筒式拌合设备生产

B. 应采用自动找平方式摊铺，上面层宜采用钢丝绳或导梁引导的高程控制方式找平

C. SMA 混合料面层施工温度应经试验确定，一般情况下，摊铺温度不低于 160℃

D. SMA 混合料面层宜采用轮胎压路机碾压

4. 水泥混凝路面采用滑模、轨道摊铺工艺施工，当施工气温为 20℃时，水泥混凝土拌合物从出料到运输、铺筑完毕分别允许的最长时间是（　　）。

A. 1h、1.5h　　B. 1.2h、1.5h

C. 0.75h、1.25h　　D. 1h、1.25h

5. 模板支架设计时，荷载组合需要考虑倾倒混凝土时产生的水平向冲击荷载的是（　　）。

A. 梁支架的强度计算　　B. 拱架的刚度验算

C. 重力式墩侧模板强度计算　　D. 重力式墩侧模板刚度验算

6. 水泥混凝土拌合物搅拌时，外加剂应以（　　）形态添加。

A. 粉末　　B. 碎块

C. 泥塑　　D. 溶液

7. 关于预应力张拉施工的说法，错误的是（　　）。

A. 当设计无要求时，实际伸长值与理论伸长值之差应控制在6%以内

B. 张拉初始应力（σ_0）宜为张拉控制应力（σ_{con}）的10%~15%，伸长值应从初始应力时开始测量

C. 先张法预应力施工中，设计未要求时，放张预应力筋时，混凝土强度不得低于设计混凝土强度等级值的75%

D. 后张法预应力施工中，当设计无要求时，可采取分批、分阶段对称张拉；宜先上、下或两侧，后中间

8. 新、旧桥梁上部结构拼接时，宜采用刚性连接的是（　　）。

A. 预应力混凝土T梁　　B. 钢筋混凝土实心板

C. 预应力空心板　　D. 预应力混凝土连续箱梁

9. 在拱架上浇筑大跨径拱圈间隔槽混凝的顺序，正确的（　　）。

A. 从拱顶向一侧拱脚浇筑完成后再向另一侧浇筑

B. 由拱脚顺序向另一侧拱脚浇筑

C. 由拱顶向拱脚对称进行

D. 由拱脚向拱顶对称进行

10. 在地铁线路上，两种不同性质的列车进站进行客流换种方式的站台属于（　　）。

A. 区域站　　B. 换乘站

C. 枢纽站　　D. 联运站

11. 盾构法存在地形变化引入监测工作，盾构法施工监测中的必测项目是（　　）。

A. 岩土体深层水平位移和分层竖向位移

B. 衬砌环内力

C. 隧道结构变形

D. 地层与管片接触应力

12. 下列构筑物属于污水处理的是（　　）。

A. 曝气池　　B. 集水池

C. 澄清池　　D. 清水池

13. 下列新型雨水分流处理制水，属于末端处理的是（　　）。

A. 雨水下渗　　B. 雨水湿地

C. 雨水收集回用　　D. 雨水净化

14. 关于热力管支、吊架的说法，正确的是（　　）。

A. 固定支架仅承受管道、附件、管内介质及保温结构的重量

B. 滑动支架主要承受管道及保温结构的重量和因管道热位移摩擦而产生的水平推力

C. 滚动支架的作用是使管道在支架上滑动时不偏离管道轴线

D. 导向支架的作用是减少管道热伸缩时的摩擦力

15. 下列生活垃圾卫生填埋场应配置的设施中，通常不包含（　　）。

A. 垃圾运输车辆进出场统计监控系统

B. 填埋气导排处理与利用系统

C. 填埋场污水处理系统

D. 填埋场地下水与地表水收集导排系统

16. 下列基坑工程的监测方案存在变形量接近预警值情况时，不需要专项论证的是（　　）。

A. 已发生严重事故，重新组织施工的基坑工程

B. 工程地质、水文地质条件复杂的基坑工程

C. 采用新技术、新工艺、新材料、新设备的三级基坑工程

D. 邻近重要建（构）筑物、设施、管线等破坏后果很严重的基坑工程

17. 营业税改增值税以后，简易计税方法，税率是（　　）。

A. 1%　　B. 2%　　C. 3%　　D. 4%

18. 关于聚乙烯燃气管道连接的说法，正确的是（　　）。

A. 固定连接件时，连接端伸出夹具的自由长度应小于公称外径的10%

B. 采用水平定向钻法施工，热熔连接时，应对15%的接头进行卷边切除检验

C. 电熔连接时的电压或电流、加热时间应符合熔接设备和电熔管件的使用要求

D. 热熔连接接头在冷却期间，不得拆开夹具，电熔连接接头可以拆开夹具检查

19. 关于柔性管道回填的说法，正确的是（　　）。

A. 回填时应在管内设横向支撑，防止两侧回填时挤压变形

B. 钢管变形率应不超过3%，化学建材管道变形率应不超过2%

C. 回填时，每层的压实遍数根据土的含水量确定

D. 管道半径以下回填时应采取防止管道上浮、位移的措施

20. 关于总承包单位配备项目专职安全生产管理人员数量的说法，错误的是（　　）。

A. 建筑工程面积1万m^2的工程配备不少于2人

B. 装修工程面积5万m^2的工程配备不少于2人

C. 土木工程合同价5000万元~1亿元的工程配备不少于2人

D. 劳务分包队伍施工人员在50~200人的应配备2人

二、多项选择题（共10题，每题2分。每题的备选项中，有2个或2个以上符合题意，至少有1个错项。错选，本题不得分；少选，所选的每个选项得0.5分）

21. 下列路面基层类别中，属于半刚性基层的有（　　）。

A. 级配碎石基层　　B. 级配砂基层

C. 石灰稳定土基层　　D. 石灰粉煤灰稳定砂砾基层

E. 水泥稳定土基层

22. 再生沥青混合料试验段摊铺完成后检测项目有（　　）。

A. 饱和度　　B. 流值

C. 车辙试验动稳定度　　D. 浸水残留稳定度

E. 冻融劈裂抗拉强度比

23. 关于钢筋直螺纹接头连接的说法，正确的有（　　）。

A. 接头应位于构件的最大弯矩处

B. 钢筋端部可采用砂轮锯切平

C. 直螺纹接头安装时采用管钳扳手拧紧

D. 钢筋丝头在套筒中应留有间隙

E. 直螺纹接头安装后应用扭矩扳手校核拧紧扭矩

24. 地铁车站土建结构通常包括（　　）。

A. 车站主体　　B. 监控中心

C. 出入口及通道　　D. 消防设施

E. 附属建筑物

25. 关于超前小导管注浆加固技术要点的说法，正确的有（　　）。

A. 应沿隧道拱部轮廓线外侧设置

B. 具体长度、直径应根据设计要求确定

C. 成孔工艺应根据地层条件进行选择，应尽可能地减少对地层的扰动

D. 加固地层时，其注浆浆液应根据以往经验确定

E. 注浆顺序应由下而上、间隔对称进行；相邻孔位应错开、交叉进行

26. 关于装配式预应力混凝土水池现浇壁板缝混凝土施工技术的说法，正确的有（　　）。

A. 壁板接缝的内外模一次安装到顶

B. 接缝的混凝土强度，无设计要求时，应大于壁板混凝土强度一个等级

C. 壁板缝混凝土浇筑时间根据气温和混凝土温度选在板间缝宽较小时进行

D. 壁板缝混凝土浇筑时，分层浇筑厚度不宜超过 250mm

E. 用于壁板缝的混凝土，宜采用微膨胀缓凝水泥

27. 关于水平定向钻施工的说法，正确的有（　　）。

A. 导向孔施工主要是控制和监测钻孔轨迹

B. 导向孔第一根钻杆入土钻进时，采取轻压慢转方式

C. 扩孔直径越大越易于管道钻进

D. 回扩和回拖均从出土点向入土点进行

E. 导向钻进、扩孔及回拖时，应控制泥浆的压力和流量

28. 关于给水管道水压试验的说法，正确的有（　　）。

A. 水压试验分为预试验和主试验阶段

B. 水压试验在管道回填之前进行

C. 水泵、压力计安装在试验段两端与管道轴线相垂直的支管上

D. 试验合格的判定依据可根据设计要求选择允许压力降值和允许渗水量值

E. 水压试验合格后，即可并网通水投入运行

29. 关于综合管廊明挖沟槽施工的说法，正确的有（　　）。

A. 沟槽支撑遵循“开槽支撑、先挖后撑、分层开挖、严禁超挖”的原则

B. 采用明排降水时，当边坡土体出现裂缝征兆时，应停止开挖，采取相应的处理措施

C. 综合管廊底板和顶板可根据施工需要留置施工缝

D. 顶板上部 1000mm 范围内回填应人工分层压实

E. 设计无要求时，机动车道下综合管廊回填土压实度应不小于 95%

30. 安全风险识别中，施工过程中的因素有（　　）。

A. 人的因素　　B. 物的因素

C. 经济因素　　D. 环境因素

E. 管理因素

三、实务操作和案例分析题（共5题，(一)、(二)、(三)题各20分，(四)、(五)题各30分）

(一)

背景资料：

某公司承建了城市主干路改扩建项目，全长5km、宽60m。现状道路机动车道为22cm厚水泥混凝土路面+36cm厚水泥稳定碎石基层+15cm厚级配碎石垫层，在土基及基层承载状况良好路段，保留现有路面结构直接在上面加铺6cm厚AC-20C+4cm厚SMA-13，拓宽部分结构层与既有道路结构层保持一致。

拓宽段施工过程中，项目部重点对新旧搭接处进行了处理，以减少新、旧路面沉降差异。浇筑混凝土前，对新、旧路面接缝处凿毛、清洁、涂刷界面剂，并做了控制不均匀沉降变形的构造措施，如图1所示。

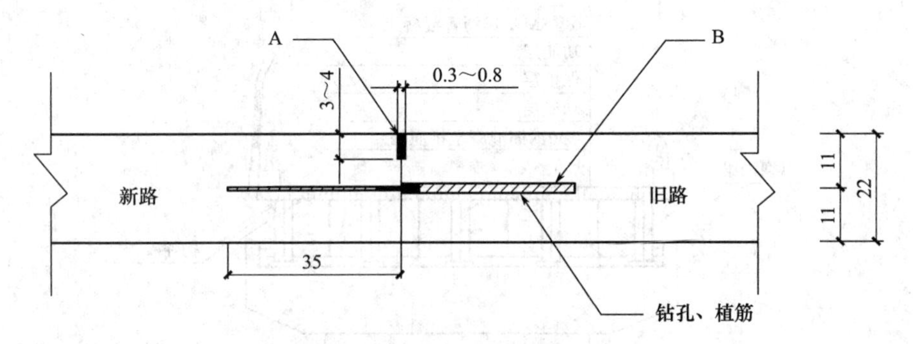

图1　不均匀沉降变形的构造措施（单位：cm）

根据旧水泥混凝土路面评定结果，项目部对现状道路面层及基础病害进行了修复处理。沥青摊铺前，项目部对全线路缘石、检查井、雨水口标高进行了调整，完成路面清洁及整平工作，随后对新、旧缝及原水泥混凝土路面做了裂缝控制处治措施，随即封闭交通开展全线沥青摊铺施工。

沥青摊铺施工正值雨期，将全线分为两段施工，并对沥青混合料运输车增加防雨措施，保证雨期沥青摊铺的施工质量。

问题：

1. 指出图1中A、B的名称。

2. 根据水泥混凝土路面板不同的弯沉值范围，分别给出0.2~1.0mm及1.0mm以上的维修方案；基础脱空处理后，相邻板间弯沉差宜控制在什么范围以内？

3. 补充沥青下面层摊铺前应完成的裂缝控制处治措施具体工作内容。

4. 补充雨期沥青摊铺施工质量控制措施。

（二）

背景资料：

某公司承建一座城市桥梁二期匝道工程，为缩短建设周期，设计采用钢-混凝土结合梁结构，跨径组合为3×(3×20)m，桥面宽度7m，横断面路幅划分0.5m(护栏)+6m(车行道)+0.5m(护栏)。上部结构横断面上布置5片纵向H型钢梁，每跨间设置6根横向连系钢梁，形成钢梁骨架体系，桥面板采用现浇C50强度等级钢筋混凝土板；下部结构为盖梁及ϕ130cm桩柱式墩，基础采用ϕ130cm钢筋混凝土钻孔灌注桩（一期已完成）；重力式U形桥台；桥面铺装采用6cm厚SMA-13沥青混凝土。横断面如图2所示。

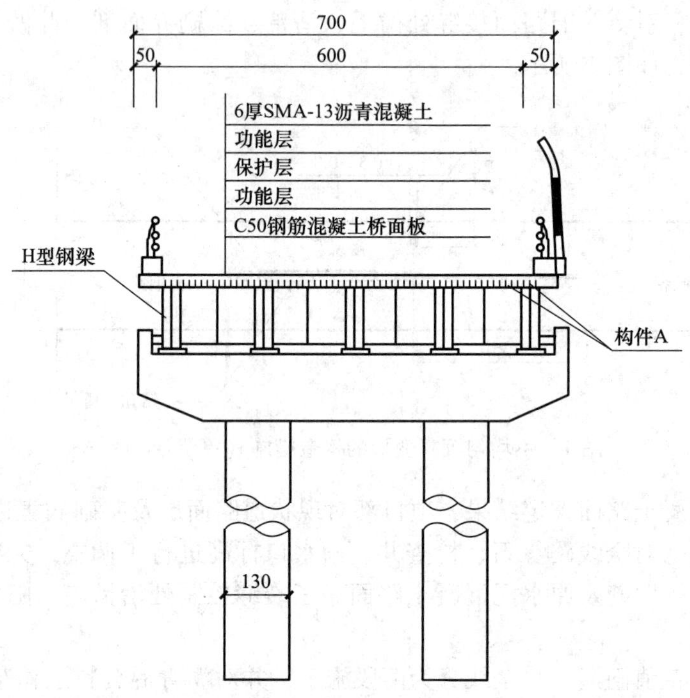

图2　横断面示意图（单位：cm）

项目部编制的施工组织设计有如下内容：

（1）将上部结构的施工工序划分为：①钢梁制作、②桥面板混凝土浇筑、③组合吊模拆除、④钢梁安装、⑤组合吊模搭设、⑥养护、⑦构件A焊接、⑧桥面板钢筋制作安装。施工工艺流程为：①钢梁制作→B→C→⑤组合吊模搭设→⑧桥面板钢筋制作安装→②桥面板混凝土浇筑→D→E。

（2）根据桥梁结构特点及季节对混凝土拌合物的凝结时间、强度形成和收缩性能等方面的需求，设计给出了符合现浇桥面板混凝土的配合比。

（3）桥面板混凝土浇筑施工按上部结构分联进行，浇筑的原则和顺序严格执行规范的相关规定。

问题：

1. 写出图2中构件A的名称，并说明其作用。

2. 施工组织设计（1）中，指出施工工序 B~E 的名称（用背景资料中的序号①~⑧作答）。

3. 施工组织设计（2）中，指出本项目桥面板混凝土配合比需考虑的基本要求。

4. 施工组织设计（3）中，指出桥面板混凝土浇筑施工的原则和顺序。

（三）

背景资料：

某公司承接一项管道埋设项目，将其中的雨水管道埋设工作安排所属项目部完成，该地区土质为黄土，合同工期 13d。项目部为了顺利完成该项目，根据自身的人员机具设备等情况，将该工程施工中的诸多工序合理整合成三个施工过程（挖土、排管回填），划分三个施工段并确定了每段工作时间，编制了用双代号网络计划图表示的进度计划，如图 3 所示。

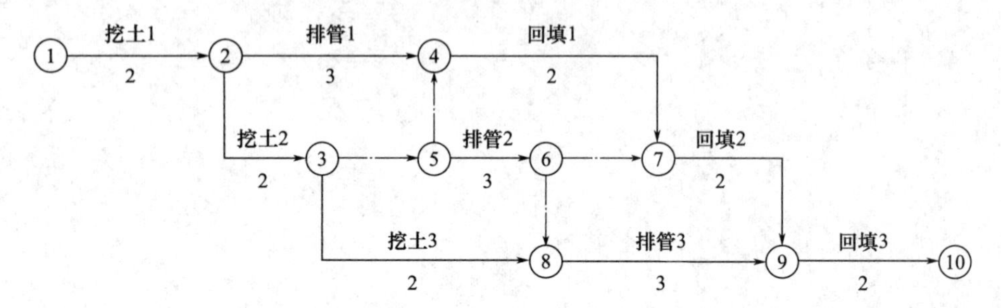

图 3　双代号网络计划图表示的进度计划（单位：d）

问题：

1. 改正图 3 中的错误（用文字表示）。

2. 写出排管 2 的紧后工作与紧前工作。

3. 图 3 中的关键线路为哪条？计划工期为多少天？能否按合同工期完成该项目？

4. 该雨水管道在回填前是否需要做严密性试验？我国有哪三种地区的土质在雨水管道回填前必须做严密性试验？

（四）

背景资料：

某公司承建一项城市综合管廊项目，为现浇钢筋混凝土结构，结构外形尺寸为 3.7m×8.0m，标准段横断面有 3 个舱室，明挖法施工，基坑支护结构采用 SMW 工法桩+冠梁及第一道钢筋混凝土支撑+第二道钢管撑，基坑支护结构横断面如图 4 所示。

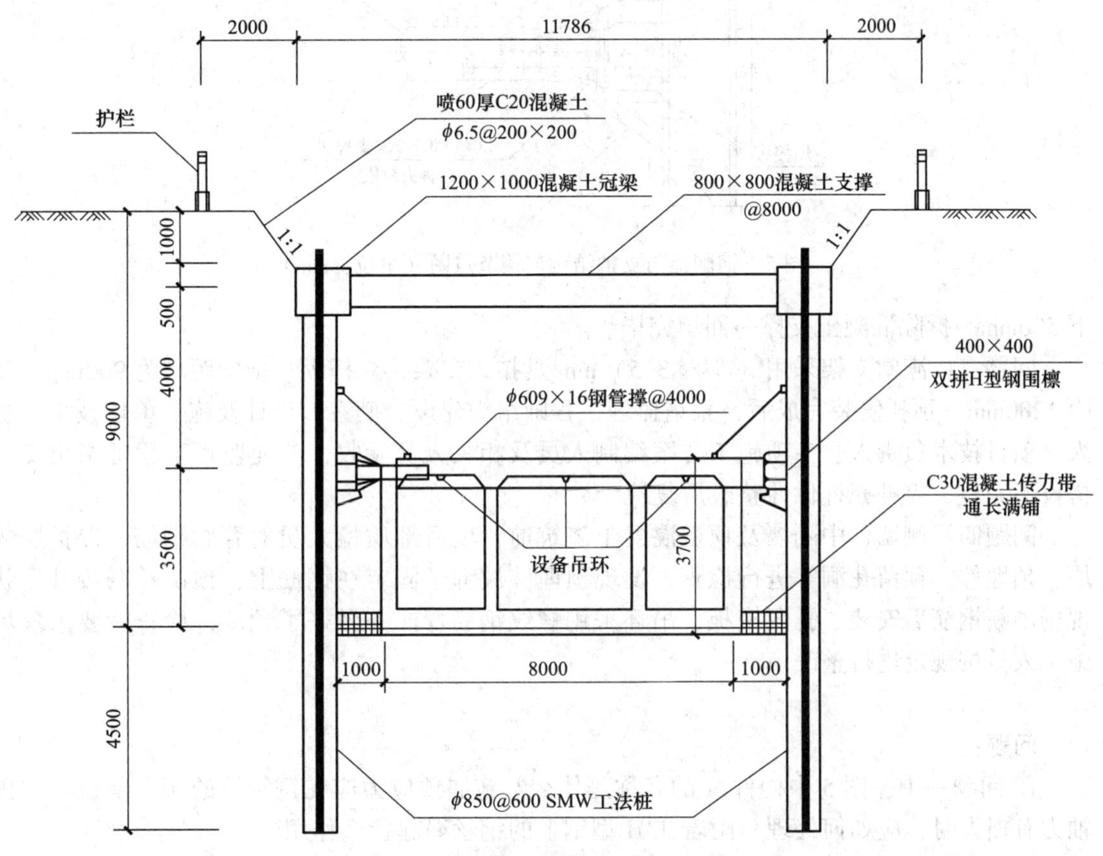

图 4　基坑支护结构横断面示意图（单位：mm）

项目部编制了基坑支护及开挖专项施工方案，施工工艺流程如下：施工准备→平整场地→测量放线→SMW 工法桩施工→冠梁及混凝土支撑施工→第一阶段的土方开挖→钢围檩及钢管撑施工→第二阶段开挖→清理槽底并验收。专项方案组织专家论证时，专家针对方案提出如下建议：补充钢围檩与支护结构连接细部构造，明确钢管撑拆撑的实施条件。

问题一：项目部补充了钢围檩与支护结构连接节点图，如图 5 所示，明确钢管撑架设及拆除条件，并依据修改后的方案进行基坑开挖施工，在第一阶段土方开挖至钢围檩底下方 500mm 时，开始架设钢管撑并施加预应力，在监测到支撑轴力有损失时，及时采取相应措施。

问题二：项目部按以下施工工艺流程进行管廊结构施工：施工准备→基层施工→底板模板施工→底板钢筋绑扎→底板混凝土浇筑→拆除底板侧模→传力带施工→拆除钢管撑→侧墙及中隔墙钢筋绑扎→侧墙内模及中隔墙模板安装→满堂支架搭设→B→侧墙外模安装→顶板钢筋绑扎→中隔墙顶板混凝土浇筑→模板支架拆除→C→D→土方回填至混凝土支撑以

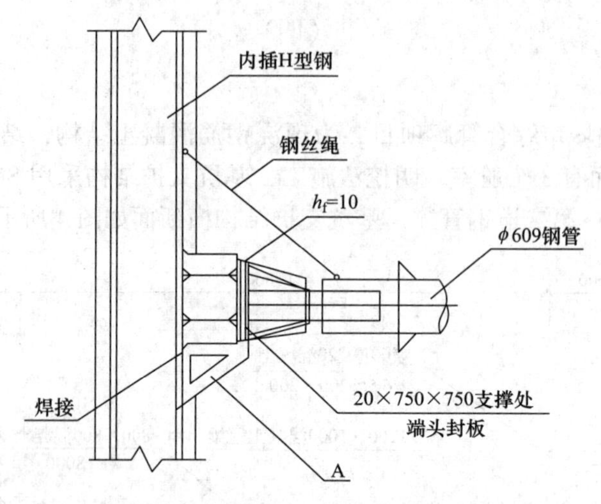

图5　钢围檩与支护结构连接节点图（单位：mm）

下500mm→拆除混凝土支撑→回填完毕。

问题三：满堂支架采用（ϕ48×3.5）mm盘扣式支架，立杆纵、横间距均为900mm，步距1200mm，顶托安装完成后，报请监理工程师组织建设、勘察、设计及施工单位技术负责人、项目技术负责人、专项施工方案编制人员及相关人员验收，专业监理工程师指出支架搭设不完整，需补充杆件并整改后复检。

问题四：侧墙、中隔墙及顶板混凝土浇筑前，项目部质检人员对管廊钢筋、保护层垫块、预埋件、预留孔洞等进行检查，发现预埋件被绑丝固定在钢筋上，预留孔洞按其形状现场割断钢筋后安装了孔洞模板，吊环采用螺纹钢筋弯曲并做好了预埋，检查后要求现场施工人员按规定进行整改。

问题：

1. 问题一中，图5中构件A的名称是什么？施加预应力应在钢管撑的哪个部位？支撑轴力有损失时，应如何处理？附着在H型钢上的钢丝绳起什么作用？

2. 问题二中，补充缺少的工序B、C、D的名称？现场需要满足什么条件方可拆除钢管撑？

3. 问题三中，顶托在满堂支架中起什么作用？如何操作？支架验收时项目部还应有哪些人员需要参加？

4. 专业监理工程师指出支架不完整，补充缺少的部分。

5. 问题四中，预埋件应该如何固定才能避免混凝土浇筑时不覆盖、不移位？补写孔洞钢筋正确处理办法。设备吊环应采用何种材料制作？

（五）

背景资料：

某公司中标城市轨道交通工程，项目部编制了基坑明挖法、结构主体现浇的施工方案，根据设计要求，本工程须先降方至两侧基坑支护顶标高后再进行支护施工，降方深度为6m，黏性土层，1∶0.375放坡，坡面挂网喷浆。横断面如图6所示。施工前对基坑开挖专项方案进行了专家论证。

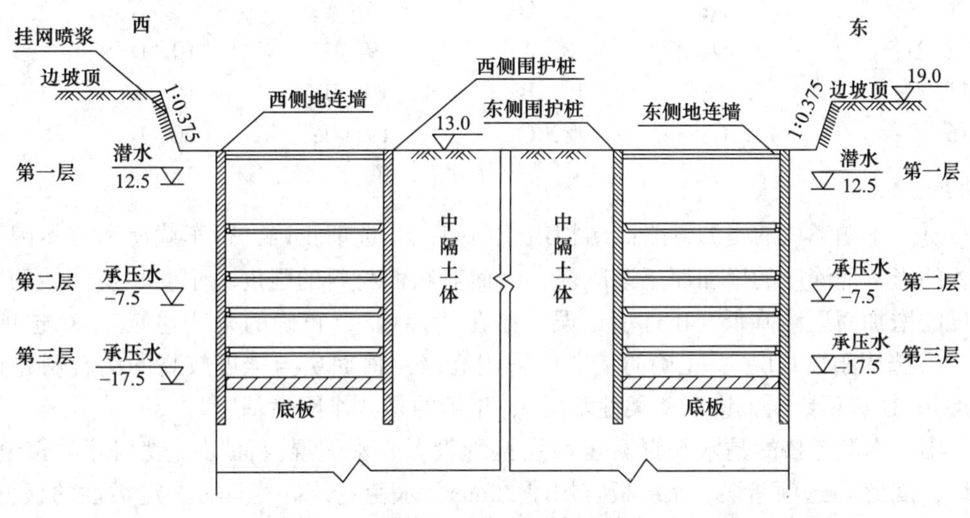

图6　基坑横断面示意图（高程单位：m）

基坑支护结构分别由地下连续墙及钻孔灌注桩两种形式组成，两侧地下连续墙厚度均为1.2m，深度为36m；两侧围护桩均为ϕ1.2m钻孔灌注桩，桩长36m，间距1.4m。围护桩及桩间土采用网喷C20混凝土。中隔土体采用管井降水，基坑开挖部分采用明排疏干。基坑两端未接邻标段封堵墙。

基坑采用三道钢筋混凝土支撑+两道（ϕ609×16）mm钢支撑，隧道内净高12.3m，汽车起重机配合各工序吊装作业。

施工期间对基坑监测的项目有：围护桩及降水层边坡顶部水平位移、支撑轴力、深层水平位移，随时分析监测数据。地下水分布情况见横断面示意图。

问题：

1. 本工程涉及超过一定规模的危险性较大的分部分项工程较多，除降水和基坑开挖支护方案外，依据背景资料，另补充三项需专家论证的专项施工方案。

2. 分析两种不同支护方式的优点及两种降水排水措施产生的效果。

3. 本工程施工方案只考虑采用先降水后挂网喷浆护面措施，还可以使用哪些常用的坡脚及护面措施。

4. 对于降方工作坡面喷浆不及时发生边坡失稳迹象可采取的措施有哪些？

5. 在不考虑环境因素的前提下，补充基坑监测应监测的项目。

2023年度真题参考答案及解析

一、单项选择题

1. A；	2. B；	3. C；	4. A；	5. C；
6. D；	7. D；	8. A；	9. D；	10. D；
11. C；	12. A；	13. B；	14. B；	15. A；
16. C；	17. C；	18. C；	19. D；	20. B。

【解析】

1. A。本题考核的是沥青路面结构组成特点。A选项正确，行车载荷和自然因素对路面结构的影响随深度的增加而逐渐减弱，因而对路面材料的强度、刚度和稳定性的要求也随深度的增加而逐渐降低。B选项错误，错在“递增”，正确的是“递减”。C选项错误，错在“宜选用刚性基层”，正确的是“应采用高级路面面层与强度较高的结合料稳定类材料基层”。D选项错误，错在“柔性基层”，正确的是“半刚性基层”。

2. B。本题考核的是水泥混凝土面层接缝设置。水泥混凝面层一般相邻的接缝对齐，不错缝，因此A选项错误。胀缝板宜用厚20mm，水稳定性好，具有一定柔性的板材制作，且应经防腐处理，因此C选项错误。缩缝应垂直板面，采用切缝机施工，宽度宜为4~6mm，因此D选项错误。

3. C。本题考核的是SMA混合料面层施工技术要求。SMA混合料宜采用拌合机，因此A选项错误。摊铺机应采用自动找平方式，中、下面层宜采用钢丝绳或导梁引导的高程控制方式，上面层宜采用非接触式平衡梁，因此B选项错误。改性沥青SMA混合料施工温度应经试验确定，一般情况下，摊铺温度不低于160℃，因此C选项正确。改性沥青SMA混合料宜采用振动压路机或钢筒式压路机碾压，不应采用轮胎压路机碾压，因此D选项错误。

4. A。本题考核的是水泥混凝土运输要求。混凝土拌合物出料到运输、铺筑完毕允许最长时间见表1。

表1　混凝土拌合物出料到运输、铺筑完毕允许最长时间（h）

施工气温*（℃）	到运输完毕允许最长时间		到铺筑完毕允许最长时间	
	滑模、轨道	三辊轴、小机具	滑模、轨道	三辊轴、小机具
5~9	2.0	1.5	2.5	2.0
10~19	1.5	1.0	2.0	1.5
20~29	1.0	0.75	1.5	1.25
30~35	0.75	0.50	1.25	1.0

注：表中*指施工时间的日间平均气温，使用缓凝剂延长凝结时间后，本表数值可增加0.25~0.5h。

5. C。本题考核的是模板、支架和拱架的设计与验算要求。设计模板、支架和拱架时应按表2要求进行荷载组合。

表2　设计模板、支架和拱架的表

模板构件名称	荷载组合	
	计算强度用	验算刚度用
梁、板和拱的底模及支承板、拱架、支架等	①+②+③+④+⑦+⑧	①+②+⑦+⑧
缘石、人行道、栏杆、柱、梁板、拱等的侧模板	④+⑤	⑤
基础、墩台等厚大结构物的侧模板	⑤+⑥	⑤

注：表中代号意思如下：

① 模板、拱架和支架自重。

② 新浇筑混凝土、钢筋混凝土或圬工、砌体的自重力。

③ 施工人员及施工材料机具等行走运输或堆放的荷载。

④ 振捣混凝土时的荷载。

⑤ 新浇筑混凝土对侧面模板的压力。

⑥ 倾倒混凝土时产生的水平向冲击荷载。

⑦ 设于水中的支架所承受的水流压力、波浪力、流冰压力、船只及其他漂浮物的撞击力。

⑧ 其他可能产生的荷载，如风雪荷载、冬期施工保温设施荷载等。

6. D。本题考核的是水泥混凝土路面施工技术。《混凝土外加剂应用技术规范》GB 50119—2013 第 7.5.2 条规定，引气剂宜以溶液形式掺加，使用时应加入拌合水中，引气剂溶液中的水量应从拌合水中扣除。

第 7.5.3 条规定，引气剂、引气减水剂配制溶液时，应充分溶解后再使用。

第 7.5.4 条规定，引气剂可与减水剂、早强剂、缓凝剂、防冻剂等复合使用。配制溶液时，如产生絮凝或沉淀等现象，应分别配制溶液，并应分别加入搅拌机内。

7. D。本题考核的是预应力张拉施工要求。设计无要求时，实际伸长值与理论伸长值之差应控制在 6%以内，因此 A 选项正确。预应力张拉时，应先调整到初始应力（σ_0），该初始应力宜为张拉控制应力（σ_{con}）的 10%~15%，伸长值应从初始应力时开始量测，因此 B 选项正确。先张法预应力施工中，放张预应力筋时混凝土强度必须符合设计要求，设计未要求时，不得低于设计混凝土强度等级值的 75%，因此 C 选项正确。后张法预应力施工中，当设计无要求时，可采取分批、分阶段对称张拉；宜先中间，后上、下或两侧，因此 D 选项错误。

8. A。本题考核的是新、旧桥梁上部结构拼接的构造要求。根据桥梁上部结构不同类型一般采用以下的拼接方式：

（1）钢筋混凝土实心板和预应力混凝土空心板桥，新、旧板梁之间的拼接宜采用铰接或近似于铰接的连接。

（2）预应力混凝土 T 梁或组合 T 梁桥，新、旧 T 梁之间的拼接宜采用刚性连接。

（3）连续箱梁桥，新、旧箱梁之间的拼接宜采用铰接连接。

9. D。本题考核的是在拱架上浇筑混凝土拱圈。跨径小于 16m 的拱圈或拱肋混凝土，应按拱圈全宽从两端拱脚向拱顶对称、连续浇筑，并在拱脚混凝土初凝前全部完成。不能完成时，则应在拱脚预留一个隔缝，最后浇筑隔缝混凝土。

10. D。本题考核的是地铁车站形式分类。联运站是指车站内设有两种不同性质的列车线路进行联运及客流换乘。联运站具有中间站及换乘站的双重功能。

11. C。本题考核的是盾构法施工监测中的必测项目。盾构法施工时，施工监测项目应符合表 3 的规定。当穿越水域、建（构）筑物及其他有特殊要求地段时，应根据设计要求确定。

表 3　施工监测项目

类别	监测项目
必测项目	施工区域地表隆沉、沿线建(构)筑物和地下管线变形
	隧道结构变形
选测项目	岩土体深层水平位移和分层竖向位移
	衬砌环内力
	地层与管片的接触应力

A 选项“岩土体深层水平位移和分层竖向位移”、B 选项“衬砌环内力”、D 选项“地层与管片接触应力”属于盾构法施工监测中的选测项目。C 选项“隧道结构变形”属于盾构法施工监测中的必测项目。

12. A。本题考核的是给水排水场站构筑物组成。A 选项“曝气池”属于污水处理构筑物，B 选项“集水池”、C 选项“澄清池”、D 选项“清水池”属于给水处理构筑物。

13. B。本题考核的是城市新型排水体制。对于新型分流制排水系统，强调雨水的源头分散控制与末端集中控制相结合，减少进入城市管网中的径流量和污染物总量，同时提高城市内涝防治标准和雨水资源化回用率。雨水源头控制利用技术有雨水下渗、净化和收集回用技术，末端集中控制技术包括雨水湿地、塘体及多功能调蓄等。A 选项“雨水下渗”、C 选项“雨水收集回用”、D 选项“雨水净化”属于雨水源头控制利用技术，B 选项“雨水湿地”属于末端集中控制技术。

14. B。本题考核的是热力管支、吊架。固定支架承受作用力较为复杂，不仅承受管道、附件、管内介质及保温结构的重量，同时还承受管道因温度、压力的影响而产生的轴向伸缩推力和变形应力，并将作用力传递给支承结构，因此 A 选项错误。

滑动支架是能使管道与支架结构间自由滑动的支架，其主要承受管道及保温结构的重量和因管道热位移摩擦而产生的水平推力，因此 B 选项正确。

滚动支架是以滚动摩擦代替滑动摩擦，以减少管道热伸缩时的摩擦力，因此 C 选项错误。

导向支架的作用是使管道在支架上滑动时不致偏离管轴线，因此 D 选项错误。

15. A。本题考核的是生活垃圾卫生填埋场的一般规定。填埋场应配置垃圾坝、防渗系统、地下水与地表水收集导排系统、渗沥液收集导排系统、填埋作业、封场覆盖及生态修复系统、填埋气导排处理与利用系统、安全与环境监测、污水处理系统、臭气控制与处理系统等。

16. C。本题考核的是监控量测主要工作。当基坑工程的监测方案存在变形量接近预警值情况时，需进行专项论证：

（1）邻近重要建筑、设施、管线等破坏后果很严重的基坑工程。

（2）工程地质、水文地质条件复杂的基坑工程。

（3）已发生严重事故，重新组织施工的基坑工程。

（4）采用新技术、新工艺、新材料、新设备的一、二级基坑工程。

（5）其他需要论证的基坑工程。

17. C。本题考核的是增值税的规定。从一般纳税人企业采购材料，取得的增值税专用发票是按照13%计算增值税额；从小规模纳税人企业进行采购，采用简易征收办法，征收率一般为3%。

18. C。本题考核的是聚乙烯（PE）管道连接质量控制。A选项错误，在固定连接件时，连接件的连接端伸出夹具，伸出的自由长度不应小于公称外径的10%。

热熔对接连接完成后，对接头进行100%卷边对称性和接头对正性检验，应对开挖敷设不少于15%的接头进行卷边切除检验，水平定向钻非开挖施工进行100%接头卷边切除检验，因此B选项错误。

C选项正确，通电加热焊接的电压或电流、加热时间等焊接参数的设定符合电熔连接熔接设备和电熔管件的使用要求。

D选项错误，电熔连接接头采用自然冷却，在冷却期间，不得拆开夹具，不得移动连接件或在连接件上施加任何外力。

19. D。本题考核的是柔性管道回填要求。A选项错误，管内径大于800mm的柔性管道，回填施工时应在管内设有竖向支撑。

B选项错误，柔性管道的变形率不得超过设计要求，钢管或球墨铸铁管道变形率应不超过2%、化学建材管道变形率应不超过3%。

C选项错误，回填作业每层的压实遍数，按压实度要求、压实工具、虚铺厚度和土的含水量，经现场试验确定。

D选项正确，管道半径以下回填时应采取防止管道上浮、位移的措施。

20. B。本题考核的是总承包单位配备项目专职安全生产管理人员要求。总承包单位配备项目专职安全生产管理人员应当满足下列要求：

（1）建筑工程、装修工程按照建筑面积配备：①1万~5万m^2的工程不少于两人。②5万m^2及以上的工程不少于3人，且按专业配备专职安全生产管理人员。因此A选项正确，B选项错误。

（2）土木工程、线路管道、设备安装工程按照工程合同价配备：5000万~1亿元的工程不少于两人，因此C选项正确。

（3）分包单位配备项目专职安全生产管理人员应当满足下列要求：50~200人的，应当配备两名专职安全生产管理人员，因此D选项正确。

二、多项选择题

21. C、D、E；	22. C、D、E；	23. B、C、E；
24. A、C、E；	25. A、B、C、E；	26. B、D；
27. A、B、D、E；	28. A、C、D；	29. B、D、E；
30. A、B、D、E。		

【解析】

21. C、D、E。本题考核的是沥青路面常用的基层材料。无机结合料稳定粒料基层属于半刚性基层，包括石灰稳定土类基层、石灰粉煤灰稳定砂砾基层、石灰粉煤灰钢渣稳定土类基层、水泥稳定土类基层等。级配型材料基层包括级配砂砾与级配砾石基层，属于柔性基层，可用作城市次干路及其以下道路基层。

22. C、D、E。本题考核的是再生沥青混合料试验段摊铺完成后检测项目。再生沥青混合料的检测项目有车辙试验动稳定度、残留马歇尔稳定度、冻融劈裂抗拉强度比等，其技术标准参考热拌沥青混合料标准。

23. B、C、E。本题考核的是钢筋直螺纹接头连接。A 选项错误，钢筋接头应设在受力较小区段，不宜位于构件的最大弯矩处。B 选项正确，直螺纹钢筋丝头加工时，钢筋端部应采用带锯、砂轮锯或带圆弧形刀片的专用钢筋切断机切平。C 选项正确，直螺纹接头安装时可用管钳扳手拧紧。D 选项错误，钢筋丝头应在套筒中央位置相互顶紧。E 选项正确，直螺纹接头安装后用扭矩扳手校核拧紧扭矩，校核用扭矩扳手每年校核一次。

24. A、C、E。本题考核的是地铁车站土建结构组成。地铁车站通常由车站主体（站台、站厅、设备用房、生活用房），出入口及通道，附属建筑物（通风道、风亭、冷却塔等）三大部分组成。

25. A、B、C、E。本题考核的是超前小导管注浆加固技术要点。A 选项正确，超前小导管应沿隧道拱部轮廓线外侧设置，根据地层条件可采用单层、双层超前小导管。B 选项正确，超前小导管具体长度、直径应根据设计要求确定。C 选项正确，超前小导管的成孔工艺应根据地层条件进行选择，应尽可能减少对地层的扰动。D 选项错误，超前小导管加固地层时，其注浆浆液应根据地质条件、并经现场试验确定。E 选项错误，注浆顺序：应由下而上、间隔对称进行；相邻孔位应错开、交叉进行。

26. B、D。本题考核的是装配式预应力混凝土水池现浇壁板缝混凝施工技术。A 选项错误，壁板接缝的内模宜一次安装到顶。B 选项正确，接缝的混凝土强度应符合设计规定，设计无要求时，应比壁板混凝土强度提高一级。C 选项错误，壁板缝混凝土浇筑时间应根据气温和混凝土温度选在壁板间缝宽较大时进行。D 选项正确，壁板缝混凝土浇筑时，混凝土分层浇筑厚度不宜超过 250mm，并应采用机械振捣，配合人工捣固。E 选项错误，用于接头或拼缝的混凝土或砂浆，宜采取微膨胀和快速水泥。

27. A、B、D、E。本题考核的是水平定向钻施工要求。A 选项正确，定向钻施工前必须进行钻孔轨迹设计，并在施工中进行有效监控，应保证铺管的准确性和精度要求。B 选项正确，第一根钻杆入土钻进时，应采取轻压慢转的方式。C 选项错误，扩孔的目的是将孔径扩大至能容纳所要铺设的生产管线，孔扩不是越大越好。D 选项正确，回扩从出土点向入土点进行，回拖应从出土点向入土点连续进行。E 选项正确，导向钻进、扩孔及回拖时，及时向孔内注入泥浆（液）。泥浆（液）的压力和流量应按施工步骤分别进行控制。

28. A、C、D。本题考核的是给水管道功能性试验。A 选项正确，压力管道应按相关专业验收规范规定进行压力管道水压试验，试验分为预试验和主试验阶段。B 选项错误，试验管段所有敞口应封闭，不得有渗漏水现象；开槽施工管道顶部回填高度不应小于 0.5m，宜留出接口位置以便检查渗漏处。C 选项正确，水泵、压力计应安装在试验段的两端与管道轴线相垂直的支管上。D 选项正确，压力管道试验合格的判定依据分为允许压力降值和允许渗水量值，按设计要求确定。E 选项错误，给水管道必须水压试验合格，并网运行前进行冲洗与消毒，经检验水质达标后，方可允许并网通水投入运行。

29. B、D、E。本题考核的是综合管廊明挖沟槽施工。A 选项错误，沟槽（基坑）的支撑应遵循“开槽支撑、先撑后挖、分层开挖、严禁超挖”的原则。B 选项正确，采用明排降水的沟槽（基坑），当边坡土体出现裂缝、沉降失稳等征兆时，必须立即停止开挖，进行加固、削坡等处理。C 选项错误，混凝土底板和顶板应连续浇筑，不得留施工缝，设计有变形缝时，应按变形缝分仓浇筑。D 选项正确，管廊顶板上部 1000mm 范围内回填材料应采用人工分层夯实。E 选项正确，综合管廊回填土压实度应符合设计要求。当设计无要求时，机动车道下综合管廊回填土压实度应不小于95%。

30. A、B、D、E。本题考核的是安全风险识别。施工过程中的危险和有害因素分为：人的因素、物的因素、环境因素、管理因素。

三、实务操作和案例分析题

（一）

1. A 的名称：填缝料；B 的名称：拉杆。

2. （1）当板边实测弯沉值在 0.20~1.00mm 时，应钻孔注浆处理。

（2）当板边实测弯沉值大于 1.00mm 时，应拆除后铺筑混凝土面板。

（3）注浆后两相邻板间弯沉差宜控制在 0.06mm 以内。

3. 沥青下面层摊铺前应完成的裂缝控制处治措施具体工作内容：凿除裂缝和破碎边缘，清理干净后填充沥青密封膏，然后洒布粘层油和铺设土工织物应力消减层抑制反射裂缝，最后铺新沥青料。

4. 雨期沥青摊铺施工质量控制措施：

（1）料场、搅拌站搭雨棚，施工现场搭罩棚。

（2）掌握天气预报，安排在不下雨时施工。

（3）现场建立奖惩制度，分段集中力量施工。

（4）建排水系统，及时疏通。

（5）如有损坏，及时修复。

（6）缩短施工长度。

（7）加强与拌合站联系、适时调整供料计划，材料运至现场后快卸、快铺、快平，及时摊铺及时完成碾压，留好路拱横坡。

（8）覆盖保温快速运输。

（二）

1. A 为传剪器。

作用：将钢梁和混凝土板形成一个整体结构，主要起连接作用，增强结构的整体刚度和稳定性。

2. B 的名称：⑦；C 的名称：④；D 的名称：⑥；E 的名称：③。

3. 本项目桥面板混凝土配合比需考虑的基本要求：缓凝、早强、补偿收缩。

4. 桥面板混凝土浇筑施工的原则：全断面连续浇筑。

浇筑顺序：顺桥向应自跨中开始向支点处交汇，或由一端开始浇筑；横桥向应先由中间开始向两侧扩展。

（三）

1. （1）节点④和节点⑤虚线箭头方向错误，应由节点④指向节点⑤。

（2）排管 1 和排管 2 的施工关系错误，应是排管 1→排管 2。

2. 排管 2 紧前工作为排管 1、挖土 2；排管 2 紧后工作为回填 2、排管 3。

3. 图 3 中的关键线路：①→②→④→⑤→⑥→⑧→⑨→⑩。

计划工期为13d。

合同工期为13d，施工计划工期为13d，能按照合同工期完成该项目。

4. 该雨水管道在回填前需要做严密性试验。

我国有湿陷性黄土、膨胀土、流砂土地区的土质在雨水管道回填前必须做严密性试验。

（四）

1.（1）构件A的名称：钢支托（牛腿）。

（2）施加预应力应在钢支撑的活络头（活动端）。

（3）支撑轴力有损失时，应重新施加预应力到设计值。

（4）附着在H型钢上的钢丝绳起的作用：连接支撑与围护结构使整个支护体系更加稳定并且防止钢管撑向下变形。

2. 工序B的名称：顶板模板安装；工序C的名称：管廊防水层施工；工序D的名称：防水保护层施工。

现场需要满足下列条件方可拆除钢管撑：混凝土传力带施工完成且强度达到设计要求，顶板混凝强度达到设计要求。

3. 顶托作用：通过调节顶托能够保证满堂支架所有的顶托处于同一水平面（标高），使方木或方钢和顶板模板均匀受力。

操作方法：顶托施工应从梁的一端开始往另一端推进，从纵横两个方向同时推进；支架的顶托一次顶紧，使所有立杆都均匀受力。

验收人员：项目负责人、施工单位项目负责人、项目经理、施工员、安全员、质量员、施工班组长。

4. 缺少的部分：横撑立柱、可调顶托、可调底座、斜撑、抛撑、双向剪刀撑、扫地杆。

5.（1）预埋件采用螺栓固定在模上。

（2）预留孔洞口钢筋处理方法：按图配筋。

（3）设备吊环应采用光圆钢筋制作。

（五）

1. 补充三项需专家论证的专项施工方案：管井降水；起重机的安装与拆卸工程、吊装工程；满堂支架。

2. 地下连续墙的优点：强度刚度大、整体性好、可作为主体结构的一部分，止水性好、适用于所有的地层土质，设置在基坑外侧能够有效地平衡周围地层的水土压力。

钻孔灌注桩的优点：设置在中隔土体两侧能够降低施工成本，并且满足施工要求，结合桩间挂网喷射C20混凝土止水效果更好，影响小。

管井降水效果：始终保持地下水位低于坑底以下500mm，减少土体湿重，提高侧向抗力，稳定基坑。

明排作用：疏干及时排出基坑渗水和雨期施工的地表水，保证基坑开挖不受地表水的影响。

3. 还可以使用的常用坡脚及护面措施：叠放砂包或土袋；水泥砂浆或细石混凝土抹面；锚杆喷射混凝土护面；塑料膜或土工织物覆盖坡面。

4. 降方工作坡面喷浆不及时发生边坡失稳迹象可采取的措施有：削坡、坡顶卸载、坡脚压载，加强降水排水和地基加固，失稳无法控制土方回填。

5. 补充基坑监测应监测的项目：围护桩及边坡顶部竖向位移、地下连续墙顶部水平位移及竖向位移、立柱竖向位移、地下水位、周边地表竖向位移、周边建筑物竖向位移及倾斜、建筑裂缝、地表裂缝、周边管线竖向沉降等。

2022 年度全国一级建造师执业资格考试

《市政公用工程管理与实务》

真题及解析

学习遇到问题？
扫码在线答疑

2022 年度《市政公用工程管理与实务》真题

一、单项选择题（共 20 题，每题 1 分。每题的备选项中，只有 1 个最符合题意）

1. 沥青材料在外力作用下发生变形而不被破坏的能力是沥青的（　　）性能。

A. 粘贴性　　B. 感温性

C. 耐久性　　D. 塑性

2. 土工格栅用于路堤加筋时，宜优先选用（　　）且强度高的产品。

A. 变形小、糙度小　　B. 变形小、糙度大

C. 变形大、糙度小　　D. 变形大、糙度大

3. 密级配沥青混凝土混合料复压宜优先选用（　　）进行碾压。

A. 钢轮压路机　　B. 重型轮胎压路机

C. 振动压路机　　D. 双轮钢筒式压路机

4. 用滑模摊铺机摊铺混凝土路面，当混凝土坍落度小时，应采用（　　）的方式摊铺。

A. 高频振动、低速度　　B. 高频振动、高速度

C. 低频振动、低速度　　D. 低频振动、高速度

5. 先张法同时张拉多根预应力筋时，各根预应力筋的（　　）应一致。

A. 长度　　B. 高度位置

C. 初始伸长量　　D. 初始应力

6. 钢板桩施打过程中，应随时检查的指标是（　　）。

A. 施打入土摩阻力　　B. 桩身垂直度

C. 地下水位　　D. 沉桩机的位置

7. 先简支后连续梁的湿接头按设计要求施加预应力时，体系转换的时间是（　　）。

A. 一天中气温较低的时段　　B. 湿接头浇筑完成时

C. 预应力施加完成时　　D. 预应力孔道浆体达到强度时

8. 关于地铁车站施工方法的说法，正确的是（　　）。

A. 盖挖法可有效控制地表沉降，有利于保护邻近建（构）筑物

B. 明挖法具有施工速度快、造价低，对周围环境影响小的优点

C. 采用钻孔灌注桩与钢支撑作为围护结构时，在钢支撑的固定端施加预应力

D. 盖挖顺作法可以使用大型机械挖土和出土

9. 高压旋喷注浆法在（　　）中使用会影响其加固效果。

A. 淤泥质土　　B. 素填土

C. 硬黏性土　　D. 碎石土

10. 下列土质中，适用于预制沉井排水下沉的是（　　）。

A. 流砂　　B. 稳定的黏性土

C. 含大卵石层　　D. 淤泥层

11. 混凝土水池无粘结预应力筋张拉前，池壁混凝土（　　）应满足设计要求。

A. 同条件试块的抗压强度　　B. 同条件试块的抗折强度

C. 标养试块的抗压强度　　D. 标养试块的抗折强度

12. 关于排水管道修复与更新技术的说法，正确的是（　　）。

A. 内衬法施工速度快，断面受损失效小

B. 喷涂法在管道修复长度方面不受限制

C. 胀管法在直管弯管均可使用

D. 破管顶进法可在坚硬地层使用，受地质条件影响小

13. 设置在热力管道的补偿器，阀门两侧只允许管道有轴向移动的支架是（　　）。

A. 导向支架　　B. 悬吊支架

C. 滚动支架　　D. 滑动支架

14. 关于综合管廊廊内管道布置的说法，正确的是（　　）。

A. 天然气管可与热力管道同仓敷设

B. 热力管道可与电力电缆同仓敷设

C. 110kV 及以上电力电缆不应与通信电缆同侧布置

D. 给水管道进出综合管廊时，阀门应在廊内布设

15. 关于膨润土防水毯施工的说法，正确的是（　　）。

A. 防水毯沿坡面铺设时，应在坡顶处预留一定余量

B. 防水毯应以品字形分布，不得出现十字搭接

C. 铺设遇管道时，应在防水毯上剪裁直径大于管道的孔洞套入

D. 防水毯如有撕裂，必须撒布膨润土粉状密封剂加以修复

16. 在数字水准仪观测的主要技术要求中，四等水准观测顺序应为（　　）。

A. 后→前→前→后　　B. 前→后→后→前

C. 后→后→前→前　　D. 前→前→后→后

17. 承包人应在索赔事件发生（　　）d 内，向（　　）发出索赔意向通知。

A. 14　监理工程师　　B. 28　建设单位

C. 28　监理工程师　　D. 14　建设单位

18. 大体积混凝土表层布设钢筋网的作用是（　　）。

A. 提高混凝土抗压强度　　B. 防止混凝土出现沉陷裂缝

C. 控制混凝土内外温差　　D. 防止混凝土收缩干裂

19. 关于箱涵顶进安全措施的说法，错误的是（　　）。

A. 顶进作业区应做好排水措施，不得积水

B. 列车通过时，不得停止顶进挖土

C. 实行封闭管理，严禁非施工人员入内

D. 顶进过程中，任何人不得在顶铁、顶柱布置区内停留

20. 由总监理工程师组织施工单位项目负责人和项目技术、质量负责人进行验收的项目是（　　）。

A. 检验批　　B. 分项工程

C. 分部工程　　D. 单位工程

二、多项选择题（共10题，每题2分。每题的备选项中，有2个或2个以上符合题意，至少有1个错项。错选，本题不得分；少选，所选的每个选项得0.5分）

21. 行车荷载和自然因素对路面结构的影响随着深度增加而逐渐减弱，因而对路面材料的（　　）要求也随深度的增加而逐渐降低。

A. 强度　　B. 刚度

C. 含水量　　D. 粒径

E. 稳定性

22. 主要依靠底板上的填土重量维持挡土构筑物稳定的挡土墙有（　　）。

A. 重力式挡土墙　　B. 悬臂式挡土墙

C. 扶壁式挡土墙　　D. 锚杆式挡土墙

E. 加筋土挡土墙

23. 城市桥梁防水排水系统的功能包括（　　）。

A. 迅速排除桥面积水　　B. 使渗水的可能性降至最低

C. 减少结构裂缝的出现　　D. 保证结构上无漏水现象

E. 提高桥面铺装层的强度

24. 关于重力式混凝土墩台施工的说法，正确的有（　　）。

A. 基础混凝土顶面涂界面剂时，不得做凿毛处理

B. 宜水平分层浇筑

C. 分块浇筑时接缝应与截面尺寸长边平行

D. 上下层分块接缝应在同一竖直线上

E. 接缝宜做成企口形式

25. 关于盾构接收的说法，正确的有（　　）。

A. 盾构接收前洞口段土体质量应检查合格

B. 盾构到达工作井10m内，对盾构姿态进行测量调整

C. 盾构到达工作井时，最后10~15环管片拉紧，使管片环缝挤压密实

D. 主机进入工作井后，及时对管片环与洞门间隙进行密封

E. 盾构姿态仅根据洞门位置复核结果进行调整

26. 关于盾构壁后注浆的说法，正确的有（　　）。

A. 同步注浆可填充盾尾空隙

B. 同步注浆通过管片的吊装孔对管片背后注浆

C. 二次注浆对隧道周围土体起加固止水作用

D. 二次注浆通过注浆系统及盾尾内置注浆管注浆

E. 在富水地区若前期注浆效果受影响时，在二次注浆结束后进行堵水注浆

27. 给水处理工艺流程的混凝沉淀是为了去除水中的（　　）。

A. 颗粒杂质　　B. 悬浮物
C. 病菌　　D. 金属离子
E. 胶体

28. 关于热力管道阀门安装要求的说法，正确的有（　　）。
A. 阀门吊装搬运时，钢丝绳应拴在法兰处
B. 阀门与管道以螺纹方式连接时，阀门必须打开
C. 阀门与管道以焊接方式连接时，阀门必须关闭
D. 水平安装闸阀时，阀杆应处于上半周范围内
E. 承插式阀门应在承插端头留有 1.5mm 的间隙

29. 关于穿越铁路的燃气管道套管的说法，正确的有（　　）。
A. 套管的顶部埋深距铁路路肩不得小于 1.5m
B. 套管宜采用钢管或钢筋混凝土管
C. 套管内径应比燃气管外径大 100mm 以上
D. 套管两端与燃气管的间隙均应采用柔性的防腐、防水材料密封
E. 套管端部距路堤坡脚处距离不应小于 2.0m

30. 水下混凝土灌注导管在安装使用时，应检查的项目有（　　）。
A. 导管厚度　　B. 水密承压试验
C. 气密承压试验　　D. 接头抗拉试验
E. 接头抗压试验

三、实务操作和案例分析题（共 5 题，（一）、（二）、（三）题各 20 分，（四）、（五）题各 30 分）

（一）

背景资料：

某公司承建一项城市主干道改建扩建工程，全长 3.9km，建设内容包括：道路工程、排水工程、杆线入地工程等。道路工程将既有 28m 的路幅主干道向两侧各拓宽 13.5m，建成 55m 路幅的城市中心大道，路幅分配情况如图 1 所示。

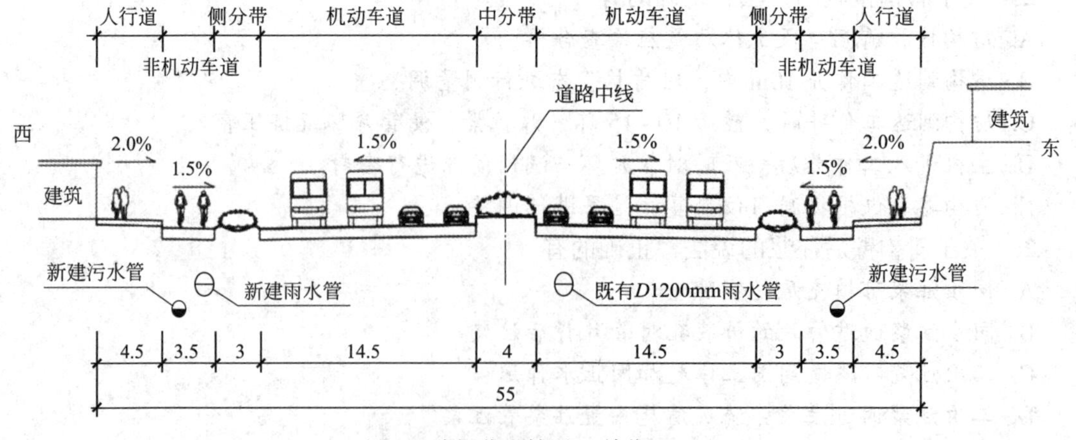

图 1　路幅分配情况（单位：m）

排水工程将既有车行道下 D1200mm 的合流管作为雨水管，西侧非机动车道下新建一条 D1200mm 的雨水管，两侧非机动车道下各新建一条 D400mm 的污水管，并新建接户支管及接户井，将周边原接入既有合流管的污水就近接入，实现雨污分流。杆线入地工程将既有架空电力线缆及通信电杆进行杆线入地，敷设在地下相应的管位。

工程进行中发生如下一系列事件：

事件 1：道路开挖时在桩号 K1+350 路面下深-0.5m 处发现一处横穿道路的燃气管道，项目部施工时对燃气管采取了保护措施。

事件 2：将用户支管接入到新建接户井时，项目部安排的作业人员缺少施工经验，打开既有污水井的井盖稍作散味处理就下井作业，致使下井的一名工人在井内当场昏倒，被救上时已无呼吸。

事件 3：桩号 K0+500~K0+950 东侧为路堑，由于坡上部分房屋拆迁难度大，设计采用重力式挡墙进行边坡垂直支护，减少征地拆迁。

问题：

1. 写出市政工程改扩建时设计单位一般会将电力线缆、通信电缆敷设的安全位置；明确西侧雨水管线、污水管线施工应遵循的原则。

2. 写出事件 1 中燃气管道的最小覆土厚度；写出开挖及回填碾压时对燃气管道采取的保护措施。

3. 写出事件 2 中下井作业前需办理的相关手续及采取的安全措施。

4. 事件 3 中重力式挡墙的结构特点有哪些？

（二）

背景资料：

某公司承建一项市政管沟工程，其中穿越城镇既有道路的长度为75m，采用ϕ2000mm泥水平衡机械顶管施工。道路两侧设顶管工作井、接收井各一座，结构尺寸如图2所示，两座井均采用沉井法施工，开挖前采用管井降水。设计要求沉井分节制作、分次下沉，每节高度不超过6m。

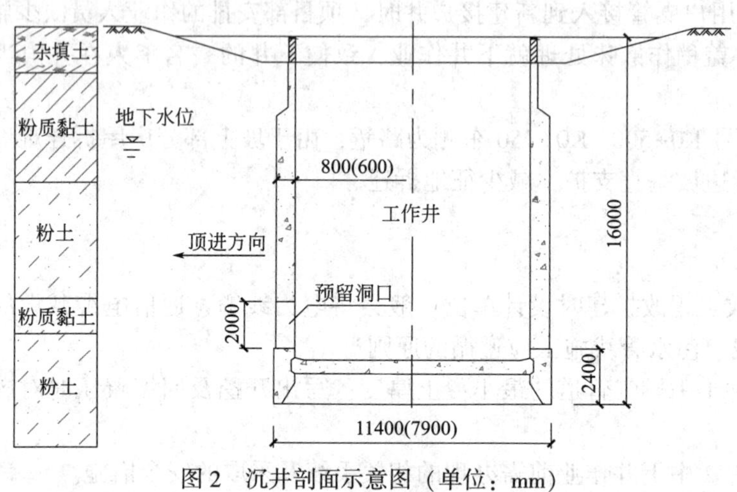

图2　沉井剖面示意图（单位：mm）

（注：括号内数字为接收井尺寸）

项目部编制的沉井施工方案如下：

（1）测量定位后，在刃脚部位铺设砂垫层，铺垫木后进行刃脚部位钢筋绑扎、模板安装、浇筑混凝土。

（2）刃脚部位施工完成后，每节沉井按照[满堂支架]→[钢筋制作安装]→[A]→[B]→[C]→[内外支架加固]→[浇筑混凝土]的工艺流程进行施工。

（3）每节沉井混凝土强度达到设计要求后，拆除模板，挖土下沉。沉井分次下沉至设计标高后进行干封底作业。

问题：

1. 沉井分几次制作（含刃脚部分）？写出施工方案（2）中A、B、C代表的工序名称。

2. 写出沉井混凝土浇筑原则及应该重点振捣的部位。

3. 施工方案（3）中，封底前对刃脚部位如何处理？底板浇筑完成后，混凝土强度应满足什么条件方可封堵泄水井？

4. 写出支架搭设需配备的工程机械名称；支架搭设人员应具备什么条件方可作业？

（三）

背景资料：

某项目部在10月中旬中标南方某城市道路改造二期工程，合同工期3个月，合同工程量为：道路改造部分长300m、宽45m，既有水泥混凝土路面加铺沥青混凝土面层与一期路面顺接。新建污水系统*DN*500mm、埋深4.8m，旧路部分开槽埋管施工，穿越一期平交道口部分采用不开槽施工，该段长90m，接入一期预留的污水接收井，如图3所示。

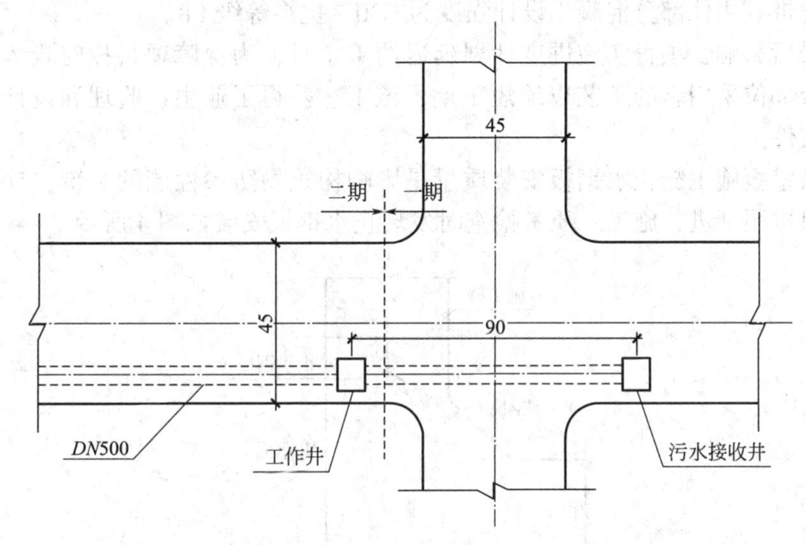

图3　二期污水管道穿越一期平交道口示意图（单位：m）

项目部根据现场情况编制了相应的施工方案：

（1）道路改造部分：对既有水泥混凝土路面进行充分调查后，作出以下结论：①对有破损、脱空的既有水泥混凝土路面，全部挖除，重新浇筑；②新建污水管线采用开挖埋管。

（2）不开槽污水管施工部分：设一座工作井，工作井采用明挖法施工，将一期预留的接收井打开做好接收准备工作。

该方案报监理工程师审批没能通过被退回，要求修改后再上报，项目部认真研究后发现以下问题：

（1）既有水泥混凝土路面的破损、脱空部位不应全部挖除，应先进行维修。

（2）施工方案中缺少既有水泥混凝土路面作为道路基层加铺沥青混凝土具体做法。

（3）施工方案中缺少工作井位置选址及专项方案。

问题：

1. 对已确定的破损、脱空部位进行基底处理的方法有几种？分别是什么方法？
2. 对旧水泥混凝土路面进行调查时，采用何种手段查明路基的相关情况？
3. 既有水泥混凝土路面作为道路基层加铺沥青混凝土前，哪些构筑物的高程需做调整？
4. 工作井位置应按什么要求选定？

（四）

背景资料：

某公司承建一项污水处理厂工程，水处理构筑物为地下结构，底板最大埋深 12m，富水地层设计要求管井降水并严格控制基坑内外水位标高变化。基坑周边有需要保护的建筑物和管线。项目部进场开始了水泥土搅拌桩止水帷幕和钻孔灌注桩围护的施工。主体结构部分按方案要求对沉淀池、生物反应池、清水池采用单元组合式混凝土结构分块浇筑工法，块间留设后浇带。主体部分混凝土设计强度为 C30，抗渗等级 P8。

受拆迁滞后影响，项目实施进度计划延迟约 1 个月，为保障项目按时投入使用，项目部提出后浇带部位采用新的工艺以缩短工期，该工艺获得了业主、监理和设计方批准并取得设计变更文件。

底板倒角壁板施工缝止水钢板安装质量是影响构筑物防渗性能的关键，项目部施工员要求施工班组按图纸进行施工，质量检查时发现止水钢板安装如图 4 所示。

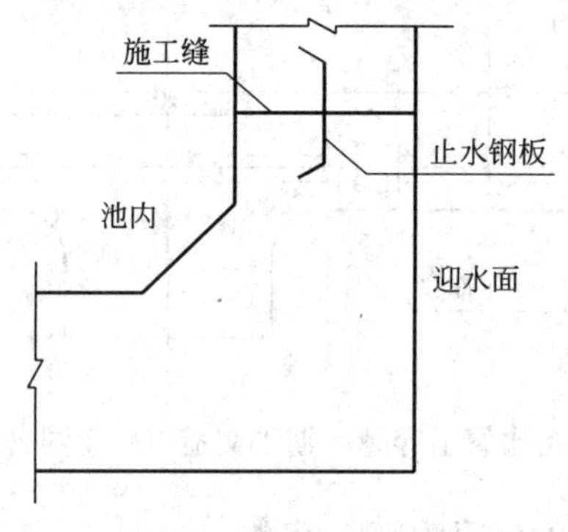

图 4　质检中提供的图

混凝土浇筑正处于夏季高温，为保证混凝土浇筑质量，项目部提前与商品混凝土搅拌站进行沟通，对混凝土配合比、外加剂进行了优化调整。项目部针对高温时现场混凝土浇筑也制定了相应措施。

在项目部编制的降水方案中，将降水抽排的地下水回收利用，做了如下安排：一是用于现场扬尘控制，进行路面洒水降尘；二是用于场内绿化浇灌和卫生间冲洗。另有富余水量做了溢流措施排入市政雨水管网。

问题：

1. 写出保证工期、质量的后浇带部位工艺名称与该部位的混凝土强度。

2. 指出图 4 中的错误之处；写出可与止水钢板组合应用的提升施工缝防水质量的止水措施。

3. 写出高温时混凝土浇筑应采取的措施。

4. 该项目降水后基坑外是否需要回灌？说明理由。

5. 补充项目部降水回收利用的用途。

6. 完善降水排放的手续和措施。

（五）

背景资料：

某公司承建一座城市桥梁工程，双向六车道，桥面宽度 36.5m。主桥设计为 T 形刚构，跨径组合为 50m+100m+50m；上部结构采用 C50 预应力混凝土现浇箱梁；下部结构采用实体式钢筋混凝土墩台，基础采用 ϕ200cm 钢筋混凝土钻孔灌注桩。桥梁立面构造如图 5 所示。

项目部编制的施工组织设计有如下内容：（1）上部结构采用搭设满堂式钢支架施工方案。（2）将上部结构箱梁划分为①、②、③、④、⑤五种节段，⑤节段为合龙段，长度 2m；确定了施工顺序。上部结构箱梁节段划分如图 5 所示。

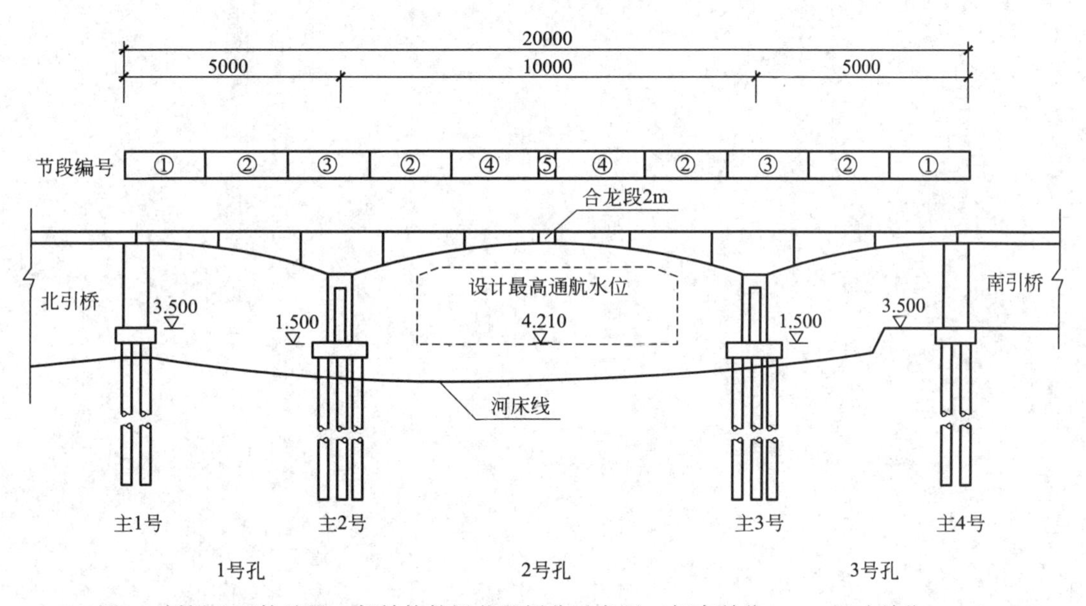

图 5 桥梁立面构造及上部结构箱梁节段划分示意图（标高单位：m；尺寸单位：cm）

施工过程中发生如下事件：

事件 1：施工前，项目部派专人联系相关行政主管部门办理施工占用审批许可。

事件 2：施工过程中，受主河道水深的影响及通航需求，项目部取消了原施工组织设计中上部结构箱梁②、④、⑤节段的满堂式钢支架施工方案，重新变更了施工方案，并重新组织召开专项施工方案专家论证会。

事件 3：施工期间，河道通航不中断。箱梁施工时，为防止高空作业对桥下通航的影响，项目部按照施工安全管理相关规定，在高空作业平台上采取了安全防护措施。

事件 4：合龙段施工前，项目部在箱梁④节段的悬臂端预加压重，并在浇筑混凝土过程中逐步撤除。

问题：

1. 指出事件 1 中“相关行政主管部门”有哪些？

2. 事件 2 中，写出施工方案变更后的上部结构箱梁的施工顺序（用图中的编号①~⑤及→表示）。

3. 事件 2 中，指出施工方案变更后上部结构箱梁适宜的施工方法。

4. 上部结构施工时，哪些危险性较大的分部分项工程需要组织专家论证？

5. 事件 3 中，分别指出箱梁施工时高空作业平台及作业人员应采取哪些安全防护措施？

6. 指出事件 4 中预加压重的作用。

2022年度真题参考答案及解析

一、单项选择题

1. D；	2. B；	3. B；	4. A；	5. D；
6. B；	7. D；	8. A；	9. C；	10. B；
11. A；	12. D；	13. A；	14. C；	15. B；
16. C；	17. C；	18. D；	19. B；	20. C。

【解析】

1. D。本题考核的是沥青的主要技术性能。沥青的主要技术性能在2021年、2022年考试中考查了单选题，因此考生要将沥青五个主要技术性能的定义、内容牢记。沥青材料的主要性能中，粘结性反映抗变形能力，沥青感温性的表征特征是软化点，耐久性反映抗老化能力，塑性反映抗开裂能力，但是本题考查塑性性能的定义，塑性指的是沥青材料在外力作用下发生变形而不被破坏的能力。

2. B。本题考核的是土工合成材料的应用。土工格栅、土工织物、土工网等土工合成材料均可用于路堤加筋，其中土工格栅宜选择强度高、变形小、糙度大的产品。

3. B。本题考核的是沥青混合料面层压实成型。密级配沥青混凝土混合料复压宜优先采用重型轮胎压路机进行碾压，以增加密实性，其总质量不宜小于25t，因此选项B符合题意。

对粗集料为主的混合料，宜优先采用振动压路机复压，因此不选C。层厚较大时宜采用高频大振幅，厚度较薄时宜采用低振幅。

沥青混合料面层初压应采用钢轮压路机静压1~2遍，因此不选A。

沥青混合料面层终压应紧接在复压后进行，宜选用双轮钢筒式压路机，因此不选D。

4. A。本题考核的是混凝土面板施工。混凝土坍落度小则混凝土稠，需要加强振动，应用高频振动、低速度摊铺；混凝土坍落度大则混凝土稀，应用低频振动、高速度摊铺。

5. D。本题考核的是先张法预应力施工。先张法中多根预应力筋都锚固在同一活动横梁上面，故张拉应力是一致的，因此本题选D。

6. B。本题考核的是钢板桩围堰施工要求。钢板桩施打过程检查指标中，选项D首先排除，因为在施打前已经定位了，地下水位对钢板桩施工无影响，摩擦力对于施打难度有影响但不影响钢板桩质量，因此选项A、C均不选。在施打过程中，应随时检查钢板桩的位置是否正确，桩身是否垂直，否则应立即纠正或拔出重打，因此应随时检查的指标是选项B。

7. D。本题考核的是先简支后连续梁的安装。先简支后连续梁安装时，湿接头应按设计要求施加预应力，之后孔道压浆；浆体达到强度后应立即拆除临时支座，按设计规定的程序完成体系转换。

8. A。本题考核的是地铁车站形式与结构组成。盖挖法能够有效控制周围土体的变形和地表沉降，有利于保护邻近建筑物和构筑物，因此选项 A 正确。

选项 B 的错误之处是“对周围环境影响小”，正确的是“对周围环境影响较大”。

选项 D 的错误之处是“可以使用大型机械挖土和出土”，正确的是“无法使用大型机械，需采用特殊的小型、高效机具”。

选项 C 的正确的表述是：常用的钢管支撑一端为活络头，采用千斤顶在该侧施加预应力。

9. C。本题考核的是地基加固处理方法中的高压喷射注浆法。对于选项 A 淤泥质土、选项 D 碎石土、选项 B 素填土等地基，采取高压喷射注浆法进行加固都会取得良好的处理效果。对于选项 C 硬黏性土地基，含有较多的块石或大量植物根茎的地基，因喷射流可能受到阻挡或削弱，冲击破碎力急剧下降，切削范围小或影响处理效果，因此选项 C 符合题意要求。

10. B。本题考核的是预制沉井排水下沉施工方法的适用范围。排水下沉干式沉井方法是预制沉井法的施工方法之一，适用于渗水量不大，稳定的黏性土，因此选项 B 正确。流砂地层排水后不稳定，把水排掉后，会发生坑底隆起。卵石层排水，水在地层中流速比较大，降水的同时，周边的水会很快补给过来。淤泥层降水效率太低。

11. A。本题考核的是现浇（预应力）混凝土水池无粘结预应力张拉。无粘结预应力筋张拉时，混凝土同条件立方体抗压强度应满足设计要求。

12. D。本题考核的是排水管道修复与更新技术。内衬法施工简单、速度快、可适应大曲率半径的弯管，但存在管道断面受损失较大的缺点，因此选项 A 错误。

喷涂法适用于管径为 75～4500mm、管线长度在 150m 以内的各种管道的修复，因此选项 B 错误。

破管外挤也称爆管法或胀管法，该管道更新方法的缺点是不适合弯管的更换，因此选项 C 错误。

如果管道处于较坚硬的土层，旧管破碎后外挤存在困难。此时管道更新可以考虑使用破管顶进法；该法基本不受地质条件限制，因此选项 D 正确。

13. A。本题考核的是供热管网附件补偿器安装要点。本考点内容在 2010 年、2013 年、2015 年、2022 年的考试中，均考查了选择题，考生要将其相关要点牢记。本题中，在靠近补偿器的两端，应设置导向支架，保证运行时管道沿轴线自由伸缩。

14. C。本题考核的是综合管廊内的管道布置。选项 A 的错误之处是“可与热力管道同仓敷设”，正确的是“应在独立舱室内敷设”。选项 B 的错误之处是“可与电力电缆同仓敷设”，正确的是“不应与电力电缆同仓敷设”。选项 D 的错误之处是“给水管道”，正确的是“压力管道”。

15. B。本题考核的是膨润土防水毯施工。膨润土防水毯应以品字形分布，不得出现十字搭接，因此选项 B 正确。

当边坡铺设膨润土防水毯时，坡顶处材料应埋入锚固沟锚固，因此选项 A 错误。

膨润土防水毯在管道或构筑立柱等特殊部位施工，可首先裁切以管道直径加 500mm 为边长的方块，再在其中心裁剪直径与管道直径等同的孔洞，修理边缘后使之紧密套在管道上，因此选项 C 错误。

膨润土防水毯如有撕裂等损伤应全部更换，因此选项 D 错误。

16. C。本题考核的是光学水准仪观测的主要技术要求。二等光学水准测量观测顺序，往测时，奇数站应为后→前→前→后，偶数站应为前→后→后→前，返测时，奇数站应为前→后→后→前，偶数站应为后→前→前→后。因此排除选项 A、B。三等光学水准测量观测顺序应为后→前→前→后。四等光学水准测量观测顺序后→后→前→前，因此选项 C 正确。选项 D 描述的观测顺序教材内容没有提及。

17. C。本题考核的是承包人索赔的程序。承包人索赔的程序中，提出索赔意向通知时，索赔事件发生 28d 内，向监理工程师发出索赔意向通知。以后考试中这种常规考点越来越少。

18. D。本题考核的是大体积混凝土裂缝发生原因。在设计上，混凝土表层布设抗裂钢筋网片，可有效地防止混凝土收缩时产生干裂。

19. B。本题考核的是箱涵顶进安全措施。选项 B 错误比较明显：列车通过时，严禁挖土作业。本题中其余选项均正确。

20. C。本题考核的是工程竣工验收程序。检验批及分项工程应由专业监理工程师组织施工单位项目专业质量（技术）负责人等进行验收。单位工程由建设单位（项目）负责人组织施工（含分包单位）、设计、勘察、监理等单位（项目）负责人进行验收。分部（子分部）工程应由总监理工程师组织施工单位项目负责人和项目技术、质量负责人等进行验收，因此选项 C 正确。

二、多项选择题

21. A、B、E；　22. B、C；　23. A、B、D；
24. B、E；　25. A、C、D；　26. A、C、E；
27. B、E；　28. A、D、E；　29. B、C、D、E；
30. A、B、D。

【解析】

21. A、B、E。本题考核的是路面结构组成基本原则。行车载荷和自然因素对路面结构的影响随深度的增加而逐渐减弱，因而对路面材料的强度、刚度和稳定性的要求也随深度的增加而逐渐降低。

22. B、C。本题考核的是不同形式挡土墙的结构特点。悬臂式挡土墙、扶壁式挡土墙，均依靠底板上的填土重量维持挡土构筑物的稳定，因此选项 B、C 满足题意要求。

重力式挡土墙依靠墙体的自重抵抗墙后土体的侧向推力（土压力），以维持土体稳定，因此选项 A 不符合要求。

锚杆式挡土墙依靠固定在岩石或可靠地基上的锚杆维持稳定的挡土建筑物，因此选项 D 不符合要求。

加筋土挡土墙依靠墙后布置的土工合成材料减少土压力以维持稳定的挡土建筑物，因此选项 E 不符合要求。

23. A、B、D。本题考核的是城市桥梁防水排水系统的功能。桥梁排水防水系统应能迅速排除桥面积水，并使渗水的可能性降至最小限度。城市桥梁排水系统应保证桥下无滴水和结构上无漏水现象。

24. B、E。本题考核的是重力式混凝土墩台施工。选项 A 错误，正确的表述是：墩台混凝土浇筑前应对基础混凝土顶面做凿毛处理。选项 C 的错误之处是“长边平行”，正确的是“较短的一边平行”。选项 D 的错误之处是“在同一竖直线”，正确的是“错开”。

25. A、C、D。本题考核的是盾构接收施工技术要点。选项 B 中的错误之处是“10m 内”，正确的是“100m”。选项 E 错误，正确的表述是：在盾构贯通之前 100m、50m 处分两次对盾构姿态进行人工复核测量，接收洞门位置及轮廓复核测量，根据前两项复测结果确定盾构姿态控制方案并进行盾构姿态调整。

26. A、C、E。本题考核的是盾构掘进的壁后注浆。同步注浆与盾构掘进同时进行，是通过同步注浆系统，在盾构向前推进盾尾空隙形成的同时进行，浆液在盾尾空隙形成的瞬间及时起到充填作用，因此选项 A 正确。

管片背后二次补强注浆则是在同步注浆结束以后，通过管片的吊装孔对管片背后进行补强注浆，因此选项 B、D 错误。

二次注浆对隧道周围土体起到加固和止水的作用，因此选项 C 正确。

在富水地区考虑前期注浆受地下水影响以及浆液固结率的影响，必须同时在二次注浆结束后进行堵水注浆，因此选项 E 正确。

27. B、E。本题考核的是常用的给水处理方法。本考点在 2014 年、2022 年均以多选题的形式进行了考查，考生需理解记忆。常用的给水处理方法中，混凝沉淀能使用混凝药剂沉淀或澄清去除水中胶体和悬浮杂质等，因此本题选 B、E。自然沉淀用以去除水中粗大颗粒杂质，因此选项 A 不选。消毒可以去除水中病毒和细菌，因此选项 C 不选。除铁除锰可以去除地下水中所含过量的铁和锰，因此选项 D 不选。

28. A、D、E。本题考核的是阀门安装要点。选项 B 错在“打开”二字，正确的是“关闭”。选项 C 错在“关闭”二字，正确的是“打开”。

29. B、C、D、E。本题考核的是穿越铁路的燃气管道套管。选项 A 错在“1.5m”，正确的是“1.7m”。本题中其余选项均正确。

30. A、B、D。本题考核的是水下混凝土灌注导管在安装使用时应检查的项目。灌注导管在安装前应检查项目主要有灌注导管是否存在孔洞和裂缝、接头是否密封、厚度是否合格。灌注导管使用前应进行水密承压和接头抗拉试验，严禁用气压。综上所述，本题选 A、B、D。

三、实务操作和案例分析题

（一）

1. （1）一般会将电力线缆、通信电缆的敷设位置安排在人行道下专用线缆管沟内或中分带等便于施工和维护的地方。

（2）西侧雨水管线、污水管线施工遵循原则：先深后浅。

2. （1）事件 1 中燃气管道的最小覆土厚度：0.9m。

（2）开挖时的保护措施：悬吊（或支撑）保护；碾压时的保护措施：包封（或套管）。

3. （1）事件 2 中下井作业前需办理的相关手续：办理有限空间安全作业审批手续。

（2）采取的安全措施：检查井盖打开一段时间通风，再使用气体监测装置检测气体（有害气体及氧气含量），井周边设反光锥筒。工人培训上岗，井上安排专人看护。

4. 事件 3 中重力式挡土墙的结构特点有：

（1）依靠墙体自重抵挡土压力作用。

（2）形式简单，就地取材，施工简便。

（二）

1.（1）该沉井工程需分 4 次施工。

（2）A 为内模安装；B 为穿对拉螺栓；C 为外模安装。

2.（1）混凝土浇筑的顺序：对称、均匀、水平连续、分层浇筑。

（2）重点振捣的部位：预留洞口、施工缝、预埋件。

3.（1）沉井下沉到标高后，刃脚处应做的处理：在沉井封底前使用大块石将刃脚下垫实，防止继续下沉。

（2）底板混凝土强度达到设计强度并且满足抗浮要求方可填封泄水孔。

4.（1）支架搭设需要的工程机械：汽车起重机。

（2）搭设人员应具有特殊工种操作证；经过安全技术交底。

（三）

1.（1）对已确定的破损、脱空部位进行基底处理的方法有两种。

（2）分别是：开挖式基底处理（挖除破损位置后换填基底材料）、非开挖式基底处理（在脱空部位钻孔注浆填充孔洞）。

2. 对旧水泥混凝土路面进行调查时，采用地质雷达、弯沉或取芯检测等手段查明路基的相关情况。

3. 既有水泥混凝土路面作为道路基层加铺沥青混凝土前，下列构筑物的高程需做调整：检查井、雨水口、平侧石高程调整。

4. 工作井位置应按下列要求选定：有设计按设计要求、环境要求，无设计应满足施工安全要求。

（四）

1. 连续式膨胀加强带满足后浇带要求的同时与两侧混凝土同时浇筑以缩短工期。

高出后浇带两侧（主体结构）混凝土一个等级，主体结构混凝土强度等级为 C30，则膨胀加强带混凝土强度等级为 C35。

2.（1）错误之处：止水钢板安装方向错误，止水钢板开口应朝向迎水方向设置。

（2）施工缝止水措施：加设遇水膨胀止水条、预埋注浆管。

3. 高温时混凝土浇筑应采取的措施：

（1）在当天温度较低时进行浇筑施工或采用夜间施工。

（2）控制混凝土的入模温度。

（3）地基、模板和泵送管洒水降温。

4. 该项目降水后基坑外需要回灌。

理由：（1）回灌防止沉降过大。

（2）基坑周边有需要保护的建筑物和管线，且地下水位降幅较大。

5. 项目部降水回收利用的用途：混凝土洒水养护、洗车池用水、消防、水池抗浮备用水等。

6.（1）降水排放的手续：施工降水通过城市排水管网排放前须经排水主管部门批准。

（2）降水排放措施：设置沉淀池和计量表。

（五）

1. 事件 1 中相关行政主管部门有：航道管理部门、河道管理部门、市政行政主管部门、海事行政主管部门。

2. 施工方案变更后的上部结构箱梁的施工顺序：③→②→①→④→⑤。

3. 施工方案变更后上部结构箱梁适宜的施工方法：悬臂浇筑（或称挂篮法施工）。

4. 上部结构施工时，下列危险性较大的分部分项工程需要组织专家论证：盘扣支架（或承重支撑体系）、挂篮。

5.（1）箱梁施工时高空作业平台安全防护措施：

① 平台上的脚手板必须在脚手架的宽度范围内铺满、铺稳。

② 临边位置设置护栏并且栏底部封闭，设置警示标志、指示灯、夜间警示灯。

③ 平台下应设置水平安全网或脚手架防护层，防止高空物体坠落造成伤害。

④ 河道中的平台支架设防冲撞装置和限高限宽门架，支架四周设置安全网和救生圈。

（2）箱梁施工时高空作业人员安全防护措施：系安全绳、穿防滑鞋、防滑手套和救生衣、戴安全帽，并定期体检。

6. 预加压重的作用：使合龙混凝土浇筑过程中，悬臂端挠度保持稳定。

2021 年度全国一级建造师执业资格考试

《市政公用工程管理与实务》

真题及解析

学习遇到问题？
扫码在线答疑

2021 年度《市政公用工程管理与实务》真题

一、单项选择题（共 20 题，每题 1 分。每题的备选项中，只有 1 个最符合题意）

1. 下列索赔项目中，只能申请工期索赔的是（　　）。

A. 工程施工项目增加　　B. 征地拆迁滞后

C. 投标图纸中未提及的软基处理　　D. 开工前图纸延期发出

2. 关于水泥混凝土面层原材料使用的说法，正确的是（　　）。

A. 主干路可采用 32.5 级的硅酸盐水泥

B. 重交通以上等级道路可采用矿渣水泥

C. 碎砾石的最大公称粒径不应大于 26.5mm

D. 宜采用细度模数 2.0 以下的砂

3. 下列因素中，可导致大体积混凝土现浇结构产生沉陷裂缝的是（　　）。

A. 水泥水化热　　B. 外界气温变化

C. 支架基础变形　　D. 混凝土收缩

4. 水平定向钻第一根钻杆入土钻进时，应采取（　　）方式。

A. 轻压慢转　　B. 中压慢转

C. 轻压快转　　D. 中压快转

5. 重载交通、停车场等行车速度慢的路段，宜选用（　　）的沥青。

A. 针入度大，软化点高　　B. 针入度小，软化点高

C. 针入度大，软化点低　　D. 针入度小，软化点低

6. 盾构壁后注浆分为（　　）、二次注浆和堵水注浆。

A. 喷粉注浆　　B. 深孔注浆

C. 同步注浆　　D. 渗透注浆

7. 在供热管道系统中，利用管道位移来吸收热伸长的补偿器是（　　）。

A. 自然补偿器　　B. 套筒式补偿器

C. 波纹管补偿器　　D. 方形补偿器

8. 下列盾构施工监测项目中，属于必测的项目是（　　）。

A. 土体深层水平位移　　B. 衬砌环内力

C. 地层与管片的接触应力　　D. 隧道结构变形

9. 在软土基坑地基加固方式中，基坑面积较大时宜采用（　　）。

A. 墩式加固　　B. 裙边加固

C. 抽条加固　　D. 格栅式加固

10. 城市新型分流制排水体系中，雨水源头控制利用技术有（　　）、净化和收集回用。

A. 雨水下渗　　B. 雨水湿地

C. 雨水入塘　　D. 雨水调蓄

11. 关于预应力混凝土水池无粘结预应力筋布置安装的说法，正确的是（　　）。

A. 应在浇筑混凝土过程中，逐步安装、放置无粘结预应力筋

B. 相邻两环无粘结预应力筋锚固位置应对齐

C. 设计无要求时，张拉段长度不超过50m，且锚固肋数量为双数

D. 无粘结预应力筋中的接头采用对焊焊接

12. 利用立柱、挡板挡土，依靠填土本身、拉杆及固定在可靠地基上的锚锭块维持整体稳定的挡土建筑物是（　　）。

A. 扶壁式挡土墙　　B. 带卸荷板的柱板式挡土墙

C. 锚杆式挡土墙　　D. 自立式挡土墙

13. 液性指数 $I_L=0.8$ 的土，软硬状态是（　　）。

A. 坚硬　　B. 硬塑

C. 软塑　　D. 流塑

14. 污水处理厂试运行程序有：①单机试车；②设备机组空载试运行；③设备机组充水试验；④设备机组自动开停机试运行；⑤设备机组负荷试运行。正确的试运行流程是（　　）。

A. ①→②→③→④→⑤　　B. ①→②→③→⑤→④

C. ①→③→②→④→⑤　　D. ①→③→②→⑤→④

15. 关于燃气管网附属设备安装要求的说法，正确的是（　　）。

A. 阀门手轮安装向下，便于启阀

B. 可以用补偿器变形调整管位的安装误差

C. 凝水缸和放散管应设在管道高处

D. 燃气管道的地下阀门宜设置阀门井

16. 由甲方采购的HDPE膜材料质量抽样检验，应由（　　）双方在现场抽样检查。

A. 供货单位和建设单位　　B. 施工单位和建设单位

C. 供货单位和施工单位　　D. 施工单位和设计单位

17. 关于隧道施工测量的说法，错误的是（　　）。

A. 应先建立地面平面和高程控制网

B. 矿山法施工时，在开挖掌子面上标出拱顶、边墙和起拱线位置

C. 盾构机掘进过程应进行定期姿态测量

D. 有相向施工段时需有贯通测量设计

18. 现浇混凝土箱梁支架设计时，计算强度及验算刚度均应使用的荷载是（　　）。

A. 混凝土箱梁的自重　　B. 施工材料机具的荷载

C. 振捣混凝土时的荷载　　D. 倾倒混凝土时的水平向冲击荷载

19. 钢管混凝土内的混凝土应饱满，其质量检测应以（　　）为主。

A. 人工敲击　　B. 超声检测

C. 射线检测　　D. 电火花检测

20. 在工程量清单计价的有关规定中，可以作为竞争性费用的是（　　）。

A. 安全文明施工费　　B. 规费和税金

C. 冬雨期施工措施费　　D. 防止扬尘污染费

二、多项选择题（共10题，每题2分。每题的备选项中，有2个或2个以上符合题意，至少有1个错项。错选，本题不得分；少选，所选的每个选项得0.5分）

21. 水泥混凝土路面基层材料选用的依据有（　　）。

A. 道路交通等级　　B. 路基抗冲刷能力

C. 地基承载力　　D. 路基的断面形式

E. 压实机具

22. 土工合成材料用于路堤加筋时应考虑的指标有（　　）强度。

A. 抗拉　　B. 撕破

C. 抗压　　D. 顶破

E. 握持

23. 配制高强度混凝土时，可选用的矿物掺合料有（　　）。

A. 优质粉煤灰　　B. 磨圆的砾石

C. 磨细的矿渣粉　　D. 硅粉

E. 膨润土

24. 关于深基坑内支撑体系施工的说法，正确的有（　　）。

A. 内支撑体系的施工，必须坚持先开挖后支撑的原则

B. 围檩与围护结构之间的间隙，可以用C30细石混凝土填充密实

C. 钢支撑预加轴力出现损失时，应再次施加到设计值

D. 结构施工时，钢筋可临时存放于钢支撑上

E. 支撑拆除应在替换支撑的结构构件达到换撑要求的承载力后进行

25. 城市排水管道巡视检查内容有（　　）。

A. 管网介质的质量检查　　B. 地下管线定位监测

C. 管道压力检查　　D. 管道附属设施检查

E. 管道变形检查

26. 关于在拱架上分段浇筑混凝土拱圈施工技术的说法，正确的有（　　）。

A. 纵向钢筋应通长设置

B. 分段位置宜设置在拱架节点、拱顶、拱脚处

C. 各分段接缝面应与拱轴线成45°

D. 分段浇筑应对称拱顶进行

E. 各分段内的混凝土应一次连续浇筑

27. 现浇混凝土水池满水试验应具备的条件有（　　）。

A. 混凝土强度达到设计强度的75%

B. 池体防水层施工完成后

C. 池体抗浮稳定性满足要求

D. 试验仪器已检验合格

E. 预留孔洞进出水口等已封堵

28. 关于竣工测量编绘的说法，正确的有（　　）。

A. 道路中心直线段应每隔100m施测一个高程点

B. 过街天桥测量天桥底面高程及净空

C. 桥梁工程对桥墩、桥面及附属设施进行现状测量

D. 地下管线在回填后，测量管线的转折、分支位置坐标及高程

E. 场区矩形建（构）筑物应注明两点以上坐标及室内地坪标高

29. 关于污水处理氧化沟的说法，正确的有（　　）。

A. 属于活性污泥处理系统

B. 处理过程需持续补充微生物

C. 利用污泥中的微生物降解污水中的有机污染物

D. 经常采用延时曝气

E. 污水一次性流过即可达到处理效果

30. 关于给水排水管道工程施工及验收的说法，正确的有（　　）。

A. 工程所用材料进场后需进行复验，合格后方可使用

B. 水泥砂浆内防腐层成形终凝后，将管道封堵

C. 无压管道在闭水试验合格24h后回填

D. 隐蔽分项工程应进行隐蔽验收

E. 水泥砂浆内防腐层，采用人工抹压法时，须一次抹压成形

三、实务操作和案例分析题（共5题，（一）、（二）、（三）题各20分，（四）、（五）题各30分）

（一）

背景资料：

某公司承接一项城镇主干道新建工程，全长1.8km，勘察报告显示K0+680~K0+920为暗塘，其他路段为杂填土且地下水丰富。设计单位对暗塘段采用水泥土搅拌桩方式进行处理，杂填土段采用改良土换填的方式进行处理。全路段土路基与基层之间设置一层200mm厚级配碎石垫层，部分路段垫层顶面铺设一层土工格栅，K0+680、K0+920处地基处理横断面示意图，如图1所示。

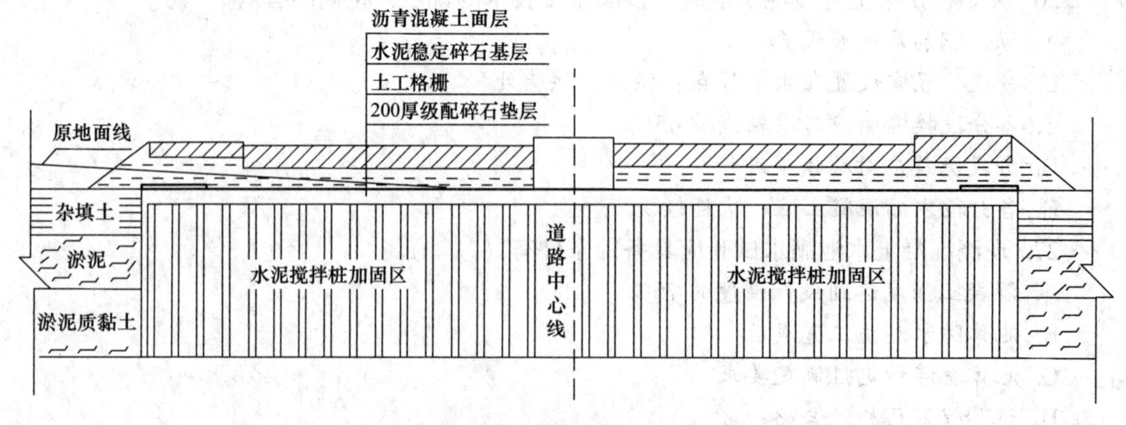

图1　K0+680、K0+920处地基处理横断面示意图（单位：mm）

项目部确定水泥掺量等各项施工参数后进行水泥搅拌桩施工，质检部门在施工完成后进行了单桩承载力、水泥用量等项目的质量检验。

垫层验收完成，项目部铺设固定土工格栅和摊铺水泥稳定碎石基层，采用重型压路机进行碾压，养护 3d 后进行下一道工序是施工。

项目部按照制定的扬尘防控方案，对土方平衡后多余的土方进行了外弃。

问题：

1. 土工格栅应设置在哪些路段的垫层顶面？说明其作用。
2. 水泥搅拌桩在施工前采用何种方式确定水泥掺量。
3. 补充水泥搅拌桩地基质量检验的主控项目。
4. 改正水泥稳定碎石基层施工中的错误之处。
5. 项目部在土方外弃时应采取哪些扬尘防控措施？

（二）

背景资料：

某区养护管理单位在雨期到来之前，例行城市道路与管道巡视检查，在 K1+120 和 K1+160 步行街路段沥青路面发现多处裂纹及路面严重变形。经 CCTV 影像显示，两井之间的钢筋混凝土平接口抹带脱落，形成管口漏水。

养护单位经研究决定，对两井之间的雨水管采取开挖换管施工，如图 2 所示。管材仍采用钢筋混凝土平口管。开工前，养护单位用砖砌封堵上、下游管口，做好临时导水措施。

养护单位接到巡视检查结果处置通知后，将该路段采取 1.5m 低围挡封闭施工，方便行人通行，设置安全护栏将施工区域隔离，设置不同的安全警示标志、道路安全警告牌、夜间挂闪烁灯示警，并派养护工人维护现场行人交通。

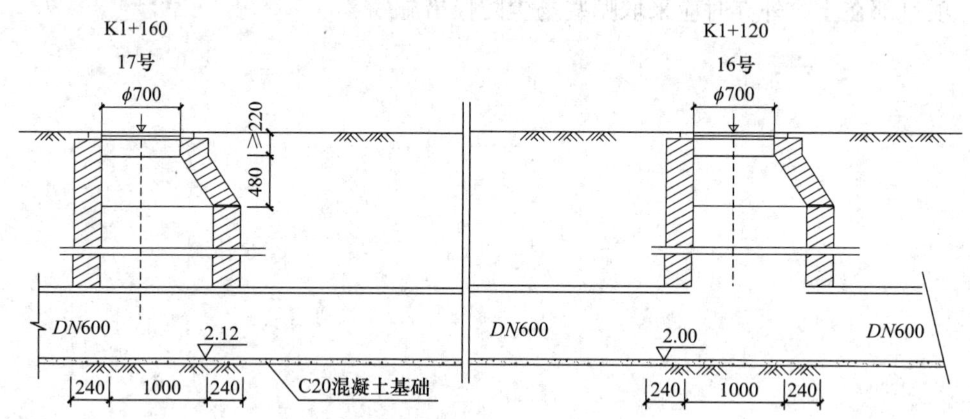

图 2　更换钢筋混凝土平口管纵断面示意图

（标高单位：m；尺寸单位：mm）

问题：

1. 地下管线管口漏水会对路面产生哪些危害？
2. 两井之间实铺管长为多少？铺管应从哪号井开始？
3. 用砖砌封堵管口是否正确？最早什么时候拆除封堵？
4. 项目部在对施工现场安全管理采取的措施中，有几处描述不正确？请改正。

（三）

背景资料：

某项目部承接一项河道整治项目，其中一段景观挡土墙，长为 50m，连接既有景观挡土墙。该项目平均分 5 个施工段施工，端缝为 20mm。第一施工段临河侧需沉 6 根基础方桩，基础方桩按“梅花形”布置（如图 3 所示）。围堰与沉桩工程同时开工，依次再进行挡土墙施工，最后完成新建路面施工与栏杆安装。

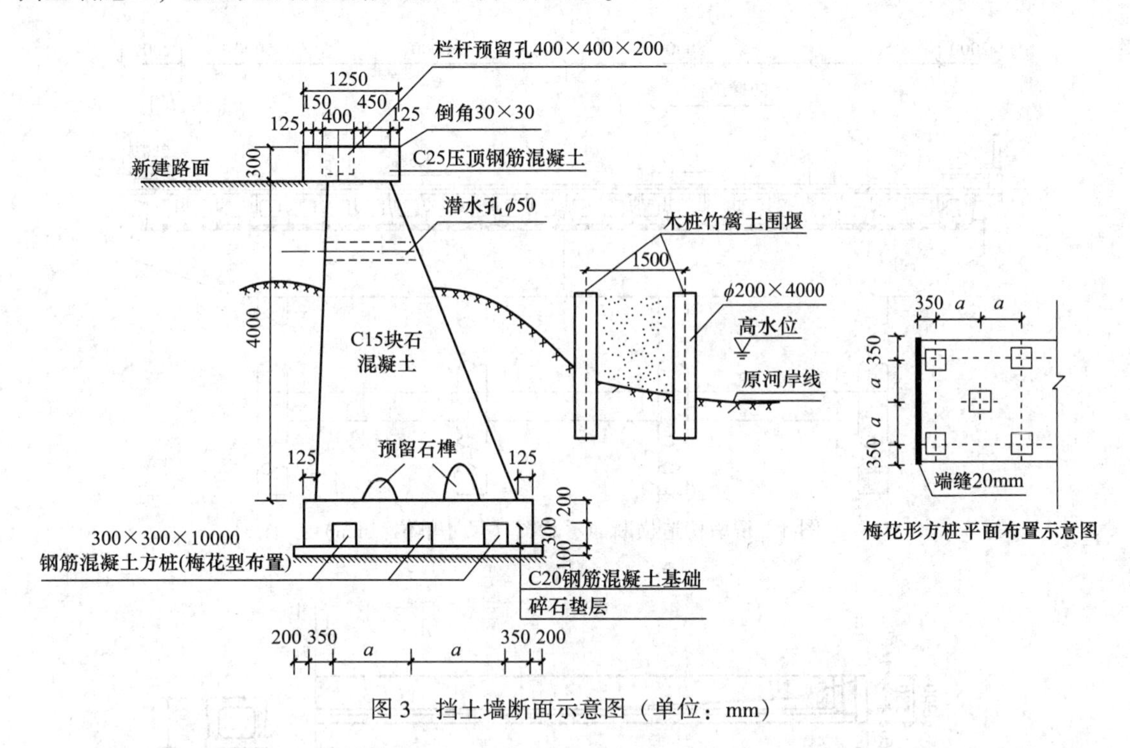

图 3　挡土墙断面示意图（单位：mm）

项目部根据方案使用柴油锤沉桩，遭附近居民投诉，监理随叫即停，要求更换沉桩方式，完工后，进行挡土墙施工，挡土墙施工工序有：机械挖土、A、碎石垫层、基础模板、B、浇筑混凝土、立墙身模板、浇筑墙体、压顶采用一次性施工。

问题：

1. 根据图 3 所示，该挡土墙结构形式属于哪种类型？端缝属于哪种类型？

2. 计算 a 的数值与第一段挡土墙基础方桩的根数。

3. 监理叫停施工是否合理？柴油锤沉桩有哪些原因会影响居民？可以更换哪几种沉桩方式？

4. 根据背景资料，正确写出 A、B 工序名称。

（四）

背景资料：

某公司承建一座城市桥梁工程，双向四车道，桥跨布置为4联×（5×20m），上部结构为预应力混凝土空心板，横断面布置空心板共24片，桥墩构造横断面如图4所示。空心板中板的预应力钢绞线设计有N1、N2两种形式，均由同规格的单根钢绞线索组成，空心板中板构造及钢绞线索布置如图5所示。

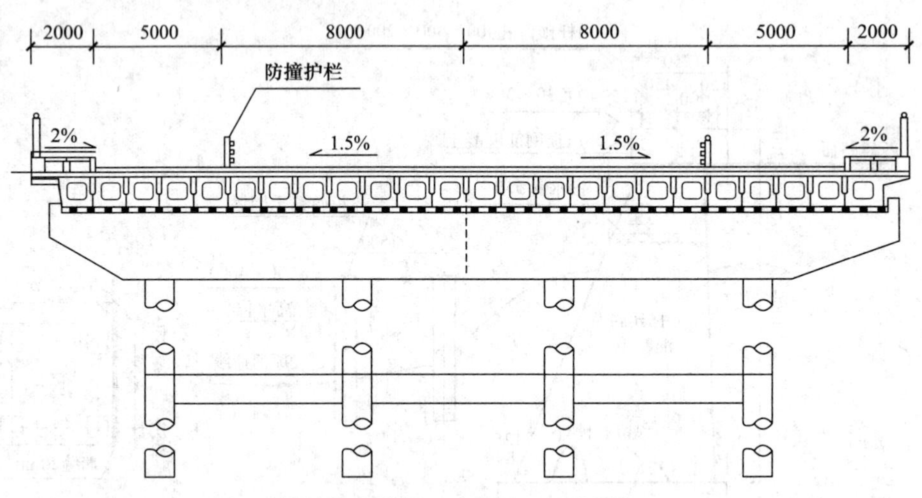

图4　桥墩构造横断面示意图（尺寸单位：mm）

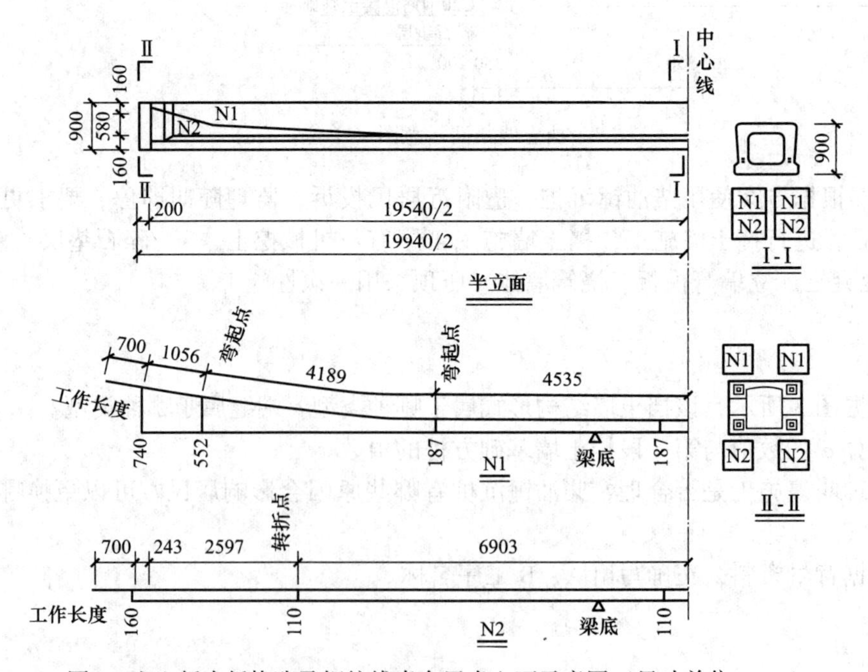

图5　空心板中板构造及钢绞线索布置半立面示意图（尺寸单位：mm）

项目部编制的空心板专项施工方案有如下内容：

（1）钢绞线采购进场时，材料员对钢绞线的包装、标志等资料进行查验，合格后入库存放。随后，项目部组织开展钢绞线见证取样送检工作，检测项目包括表面质量等。

（2）计算汇总空心板预应力钢绞线用量。

（3）空心板预制侧模和芯模均采用定型钢模板。混凝土施工完成后及时组织对侧模及芯模进行拆除，以便最大限度地满足空心板预制进度。

（4）空心板浇筑混凝土施工时，项目部对混凝土拌合物进行质量控制，分别在混凝土拌合站和预制厂浇筑地点随机取样检测混凝土拌合物的坍落度，其值分别为 A 和 B，并对坍落度测值进行评定。

问题：

1. 结合图 5，分别指出空心板预应力体系属于先张法和后张法、有粘结和无粘结预应力体系中的哪种体系？

2. 指出钢绞线存放仓库需具备的条件。

3. 补充施工方案（1）中钢绞线入库时材料员还需查验的资料；指出钢绞线见证取样还需检测的项目。

4. 列式计算全桥空心板中板的钢绞线用量（单位 m，计算结果保留 3 位小数）。

5. 分别指出施工方案（3）中空心板预制时侧模和芯模拆除所需满足的条件。

6. 指出施工方案（4）中坍落度值 A、B 的大小关系；混凝土质量评定时应使用哪个数值？

（五）

背景资料：

某公司承建一项城市主干路工程，长度 2. 4km，在桩号 K1+180~K1+196 位置与铁路斜交，采用四跨地道桥顶进下穿铁路的方案。为保证铁路正常通行，施工前由铁路管理部门对铁路线进行加固。顶进工作坑顶进面采用放坡加网喷混凝土方式支护，其余三面采用钻孔灌注柱加桩间网喷支护，施工平面及剖面图如图 6、图 7 所示。

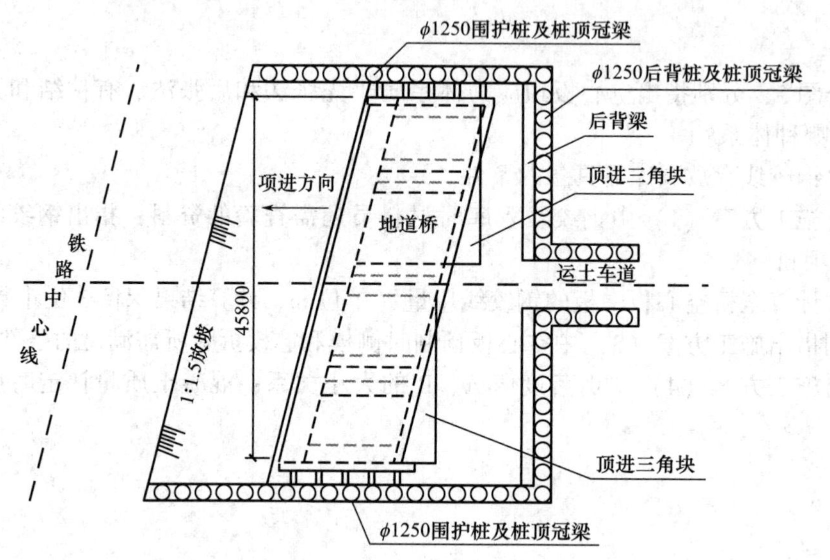

图 6　地道桥施工平面示意图（单位：mm）

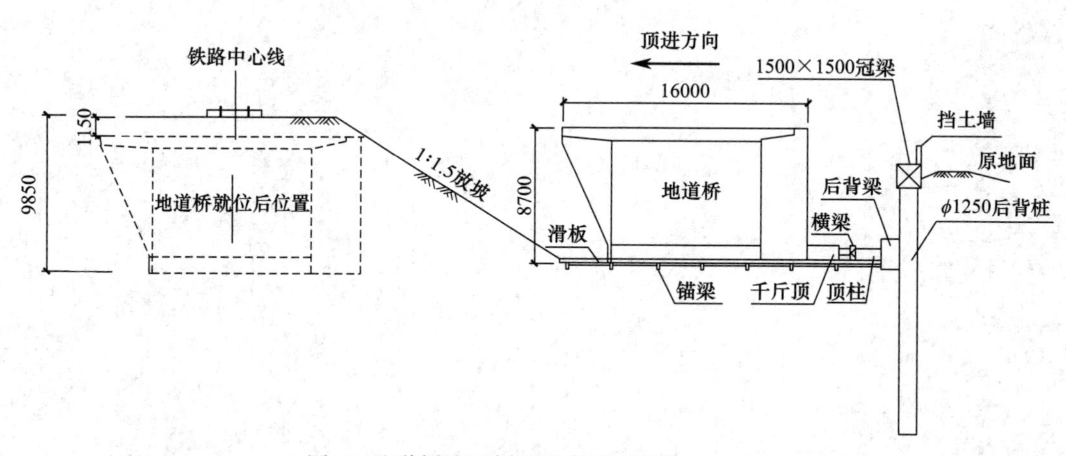

图 7　地道桥施工剖面示意图（单位：mm）

项目部编制了地道桥基坑降水、支护、开挖、顶进方案并经过相关部门审批。施工流程如图 8 所示。

混凝土钻孔灌注桩施工过程包括以下内容：采用旋挖钻成孔，桩顶设置冠梁。钢筋笼主筋采用直螺纹套筒连接，桩顶锚固钢筋按伸入冠梁长度 500mm 进行预留，混凝土浇筑至桩顶设计高程后，立即开始相邻桩的施工。

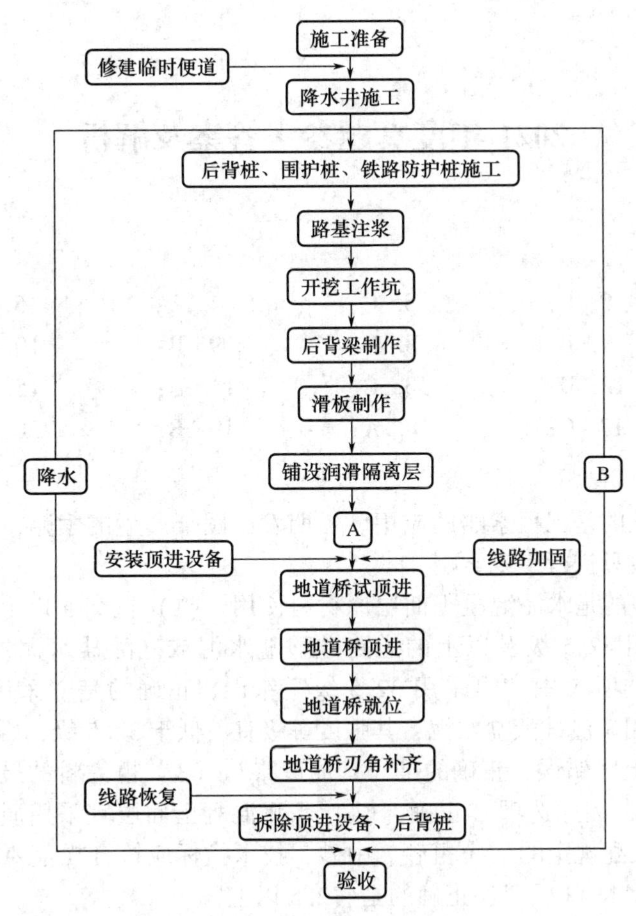

图 8　地道桥施工流程图

问题：

1. 直螺纹连接套筒进场需要提供哪几项报告？写出钢筋丝头加工和连接件检测专用工具的名称。

2. 改正混凝土灌注桩施工过程的错误之处。

3. 补全施工流程图中 A、B 名称。

4. 地道桥每次顶进，除检查液压系统外，还应检查哪些部位的使用状况？

5. 在每一顶程中测量的内容是哪些？

6. 地道桥顶进施工应考虑的防水排水措施有哪些？

2021 年度真题参考答案及解析

一、单项选择题

1. D；	2. C；	3. C；	4. A；	5. B；
6. C；	7. B；	8. D；	9. B；	10. A；
11. C；	12. D；	13. C；	14. D；	15. D；
16. A；	17. C；	18. A；	19. B；	20. C。

【解析】

1. D。本题考核的是工程索赔的应用。延期发出图纸产生的索赔，由于是施工前准备阶段，该类项目一般只进行工期索赔。

2. C。本题考核的是水泥混凝土面层原材料使用。（1）重交通以上等级道路、城市快速路、主干路应采用 42.5 级及以上的道路硅酸盐水泥或硅酸盐水泥、普通硅酸盐水泥，因此选项 A 错误，选项 A 中“可采用 32.5 级”错误，正确的是“采用 42.5 级及以上”。（2）其他道路可采用矿渣硅酸盐水泥，其强度等级宜不低于 32.5 级，因此选项 B 错误，选项 B 中“重交通以上”错误，正确的是“其他道路”。（3）粗集料的最大公称粒径，碎砾石不应大于 26.5mm，因此选项 C 正确。（4）水泥混凝土面层宜采用质地坚硬，细度模数在 2.5 以上，符合级配规定的洁净粗砂、中砂，技术指标应符合规范要求，因此选项 D 错误，选项 D 中错在“2.0 以下”，正确的是“2.5 以上”。

3. C。本题考核的是大体积混凝土裂缝的发生原因。大体积混凝土裂缝发生原因包括：水泥水化热的影响、内外约束条件的影响、外界气温变化的影响、混凝土的收缩变形、混凝土的沉陷裂缝。其中，混凝土的沉陷裂缝：支架、支架变形下沉会引发结构裂缝，过早拆除模板支架易使未达到强度的混凝土结构发生裂缝和破损。

4. A。本题考核的是城市非开挖管施工中定向钻施工质量控制要点。城市非开挖管施工中，导向孔钻进应符合下列规定：（1）钻机必须先进行试运转，确定各部分运转正常后方可钻进。（2）第一根钻杆入土钻进时，应采取轻压慢转的方式，稳定钻进导入位置和保证入土角，且入土段和出土段应为直线钻进，其直线长度宜控制在 20m 左右。

5. B。本题考核的是沥青的技术性能。对高等级道路，夏季高温持续时间长、重载交通、停车场等行车速度慢的路段，尤其是汽车荷载剪应力大的结构层，宜采用稠度大（针入度小）的沥青。高等级道路，夏季高温持续时间长的地区、重载交通、停车站、有信号灯控制的交叉路口、车速较慢的路段或部位需选用软化点高的沥青，反之，则用软化点较小的沥青。综上所述，本题选 B。

6. C。本题考核的是盾构掘进技术中的壁后注浆。管片壁后注浆按与盾构推进的时间和注浆目的不同，可分为同步注浆、二次注浆和堵水注浆。

7. B。本题考核的是供热管网附件中的补偿器特点。自然补偿器、方形补偿器和波纹管补偿器是利用补偿材料的变形来吸收热伸长的，而套筒式补偿器和球形补偿器则是利用管道的位移来吸收热伸长的。

8. D。本题考核的是盾构法施工地层变形监测项目。地层变形施工监测项目应符合表1的规定。当穿越水域、建（构）筑物及其他有特殊要求地段时，应根据设计要求确定。

表1　施工监测项目

类别	监测项目
必测项目	施工区域地表隆沉、沿线建(构)筑物和地下管线变形
	隧道结构变形
选测项目	岩土体深层水平位移和分层竖向位移
	衬砌环内力
	地层与管片的接触应力

根据表1可以看出，选项A土体深层水平位移、选项B衬砌环内力、选项C地层与管片的接触应力属于地层变形施工监测的选测项目，选项D隧道结构变形属于地层变形施工监测的必测项目。

9. B。本题考核的是地基基坑加固的方式。按平面布置形式分类，基坑内被动土压区加固形式主要有墩式加固、裙边加固、抽条加固、格栅式加固和满堂加固。墩式加固：采用该方式时，土体加固一般多布置在基坑周边阳角位置或跨中区域。裙边加固：基坑面积较大时，宜采用该方式。因此本题选B。抽条加固：长条形基坑可考虑采用该方式。格栅式加固：地铁车站的端头井一般采用该方式。满堂加固：环境保护要求高，或为了封闭地下水时，可采用该方式。

10. A。本题考核的是城市排水体制中的分流制排水体系。对于新型分流制排水系统，强调雨水的源头分散控制与末端集中控制相结合，减少进入城市管网中的径流量和污染物总量，同时提高城市内涝防治标准和雨水资源化回用率。雨水源头控制利用技术有雨水下渗、净化和收集回用技术，末端集中控制技术包括雨水湿地、塘体及多功能调蓄等。本题中，选项B雨水湿地、选项C雨水入塘、选项D雨水调蓄属于末端集中控制技术。

11. C。本题考核的是预应力混凝土水池无粘结预应力筋布置安装。无粘结预应力筋布置安装：(1) 锚固肋数量和布置，应符合设计要求；设计无要求时，张拉段无粘结预应力筋长不超过50m，且锚固肋数量为双数。因此选项C说法正确。(2) 安装时，上下相邻两环无粘结预应力筋锚固位置应错开一个锚固肋；应以锚固肋数量的一半为无粘结预应力筋分段（张拉段）数量；每段无粘结预应力筋的计算长度应加入一个锚固肋宽度及两端张拉工作长度和锚具长度。因此选项B说法错误。(3) 应在浇筑混凝土前安装、放置；浇筑混凝土时，不得踏压，碰撞无粘结预应力筋、支撑架及端部预埋件。因此选项A说法错误。(4) 无粘结预应力筋不应有死弯，有死弯时应切断。(5) 无粘结预应力筋中严禁有接头。因此选项D说法错误。

12. D。本题考核的是常见挡土墙的结构形式及特点。扶壁式挡土墙：由底板及固定在底板上的墙面板和扶壁构成，主要依靠底板上的填土重量维持挡土构筑物的稳定。带卸荷板的柱板式挡土墙：是借卸荷板上部填土的重力平衡土体侧压力的挡土构筑物。锚杆式挡土墙：是利用板肋式、格构式或排桩式墙身结构挡土，依靠固定在岩石或可靠地基上的锚杆维持稳定的挡土建筑物。自立式挡土墙：是利用板桩挡土，依靠填土本身、拉杆及固定在可靠地基上的锚锭块维持整体稳定的挡土建筑物。

13. C。本题考核的是路用工程（土）主要性能参数液性指数 I_L：土的天然含水量与塑限之差值对塑性指数之比值，$I_L=(\omega-\omega_p)/I_p$，可用以判别土的软硬程度；$I_L<0$ 为坚硬、半坚硬状态，$0\leqslant I_L<0.5$ 为硬塑状态，$0.5\leqslant I_L<1.0$ 为软塑状态，$I_L\geqslant 1.0$ 流塑状态。

14. D。本题考核的是给水与污水处理厂试运行的基本程序。给水与污水处理厂试运行的基本程序：单机试车→设备机组充水试验→设备机组空载试运行→设备机组负荷试运行→设备机组自动开停机试运行。因此本题选 D。

15. D。本题考核的是燃气管网附属设备安装要点。(1) 阀门手轮不得向下；落地阀门手轮朝上，不得歪斜；在工艺允许的前提下，阀门手轮宜位于齐胸高，以便于启阀；明杆闸阀不要安装在地下，以防腐蚀。因此选项 A 说法错误。(2) 补偿器安装应与管道同轴，不得偏斜；不得用补偿器变形调整管位的安装误差。因此选项 B 说法错误。(3) 凝水缸的作用是排除燃气管道中的冷凝水和石油伴生气管道中的轻质油。放散管是一种专门用来排放管道内部的空气或燃气的装置。凝水缸设置在管道低处，放散管设在管道高处。因此选项 C 说法错误。(4) 为保证管网的安全与操作方便，燃气管道的地下阀门宜设置阀门井。因此选项 D 说法正确。

16. A。本题考核的是 HDPE 膜铺设工程质量验收要求。HDPE 膜材料质量抽样检验，应由供货单位和建设单位双方在现场抽样检查。

17. C。本题考核的是隧道施工测量。(1) 施工前应建立地面平面控制；地面高程控制可视现场情况以三、四等水准或相应精度的三角高程测量布设。因此选项 A 说法正确。(2) 敷设洞内基本导线、施工导线和水准路线，并随施工进展而不断延伸；在开挖掌子面上放样，标出拱顶、边墙和起拱线位置，衬砌结构支模后应检测、复核竣工断面。因此选项 B 说法正确。(3) 盾构机拼装后应进行初始姿态测量，掘进过程中应进行实时姿态测量。因此选项 C 说法错误。(4) 有相向施工段时应进行贯通测量设计，应根据相向开挖段的长度，按设计要求布设二、三等或四等角网，或者布设相应精度的精密导线。因此选项 D 说法正确。

18. A。本题考核的是模板、支架和拱架的设计与验算。设计模板、支架和拱架时应按表 2 进行荷载组合。

表 2　设计模板、支架和拱架的荷载组合表

模板构件名称	荷载组合	
	计算强度用	验算刚度用
梁、板和拱的底模及支承板、拱架、支架等	①+②+③+④+⑦+⑧	①+②+⑦+⑧
缘石、人行道、栏杆、柱、梁板、拱等的侧模板	④+⑤	⑤
基础、墩台等厚大结构物的侧模板	⑤+⑥	⑤

注：表中代号意思如下：

① 模板、拱架和支架自重。

② 新浇筑混凝土、钢筋混凝土或圬工、砌体的自重力。

③ 施工人员及施工材料机具等行走运输或堆放的荷载。

④ 振捣混凝土时的荷载。

⑤ 新浇筑混凝土对侧面模板的压力。

⑥ 倾倒混凝土时产生的水平向冲击荷载。

⑦ 设于水中的支架所承受的水流压力、波浪力流冰压力、船只及其他漂浮物的撞击力。

⑧ 其他可能产生的荷载，如风雪荷载、冬期施工保温设施荷载等。

本题要求选择现浇混凝土箱梁支架设计时，计算强度及验算刚度均应使用的荷载是：①支架自重；②新浇筑混凝土的自重力。因此本题选A。

19. B。本题考核的是钢管混凝土浇筑施工质量控制。钢管内混凝土饱满，管壁与混凝土紧密结合，混凝土强度应符合设计要求。钢管混凝土的质量检测应以超声检测为主，人工敲击为辅。因此本题选B。

20. C。本题考核的是工程量清单计价有关规定。(1) 措施项目中的安全文明施工费必须按国家或省级、行业建设主管部门的规定计算，不得作为竞争性费用。因此选项A不选。(2) 规费和税金应按国家或省级、行业建设主管部门的规定计算，不得作为竞争性费用。因此选项B不选。(3) 扬尘污染防治费已纳入建筑安装工程费用的安全文明施工费中，是建设工程造价的一部分，是不可竞争性费用。因此选项D不选。综上所述，选项A、B、D排除，本题选C。

二、多项选择题

21. A、B；	22. A、B、D、E；	23. A、C、D；
24. B、C、E；	25. A、B、D、E；	26. B、D、E；
27. C、D、E；	28. B、C、E；	29. A、C、D；
30. A、D。		

【解析】

21. A、B。本题考核的是水泥混凝土路面构造特点。基层材料的选用原则：根据道路交通等级和路基抗冲刷能力来选择基层材料。因此本题选A、B。

22. A、B、D、E。本题考核的是土工合成材料的性能。路堤加筋的主要目的是提高路堤的稳定性。土工合成材料应具有足够的抗拉强度、较高的撕破强度、顶破强度和握持强度等性能。

23. A、C、D。本题考核的是混凝土原材料的应用，配制高强度混凝土的矿物掺合料可选用优质粉煤灰、磨细矿渣粉、硅粉和磨细天然沸石粉。

24. B、C、E。本题考核的是深基坑内支撑体系施工。内支撑体系的施工：(1) 内支撑结构的施工与拆除顺序应与设计一致，必须坚持先支撑后开挖的原则。因此选项A说法错误。(2) 围檩与围护结构之间紧密接触，不得留有缝隙。如有间隙应用强度不低于C30的细石混凝土填充密实或采用其他可靠连接措施。因此选项B说法正确。(3) 钢支撑应按设计要求施加预压力，当监测到预加压力出现损失时，应再次施加预压力。因此选项C说法正确。(4) 支撑拆除应在替换支撑的结构构件达到换撑要求的承载力后进行。因此选项E说法正确。当主体结构的底板和楼板分块浇筑或设置后浇带时，应在分块部位或后带处设置可靠的传力构件。支撑拆除应根据支撑材料、形式、尺寸等具体情况采用人工、机械和爆破等方法。选项D错误，钢筋不可存放于钢支撑上。

25. A、B、D、E。本题考核的是城市管道巡视检查内容。管道巡视检查内容包括管道漏点监测、地下管线定位监测、管道变形检查、管道腐蚀与结垢检查、管道附属设施检查、管网介质的质量检查等。因此本题选A、B、D、E。

26. B、D、E。本题考核的是在拱架上分段浇筑混凝土拱圈施工技术要求。(1) 分段浇筑钢筋混凝土拱圈（拱肋）时，纵向不得采用通长钢筋，钢筋接头应安设在后浇的几个间隔槽内，并应在浇筑间隔槽混凝土时焊接。因此选项A说法错误。(2) 跨径大于或等于

16m 的拱圈或拱肋，宜分段浇筑。分段位置，拱式拱架宜设置在拱架受力反弯点、拱架节点、拱顶及拱脚处；满布式拱架宜设置在拱顶、1/4 跨径、拱脚及拱架节点等处。因此选项 B 说法正确。（3）各段的接缝面应与拱轴线垂直，各分段占小预留间隔槽，其宽度宜为 0.5～1m。因此选项 C 说法错误。（4）分段浇筑程序应符合设计要求，应对称于拱顶进行。因此选项 D 说法正确。（5）各分段内的混凝土应一次连续浇筑完毕，因故中断时，应将施工缝凿成垂直于拱轴线的平面或台阶式接合面。因此选项 E 说法正确。

27. C、D、E。本题考核的是现浇混凝土水池满水试验应具备的条件。（1）池体的混凝土或砖、石砌体的砂浆已达到设计强度要求；池内清理洁净，池内外缺陷修补完毕。因此选项 A 错误。（2）现浇钢筋混凝土池体的防水层、防腐层施工之前；装配式预应力混凝土池体施加预应力且锚固端封锚以后，保护层喷涂之前，砖砌池体防水层施工以后，石砌池体勾缝以后。因此选项 B 错误。（3）设计预留孔洞、预埋管口及进出水口等已做临时封堵，且经验算能安全承受试验压力。因此选项 E 正确。（4）池体抗浮稳定性满足设计要求。因此选项 C 正确。（5）试验所需的各种仪器设备应为合格产品，并经具有合法资质的相关部门检验合格。因此选项 D 正确。

28. B、C、E。本题考核的是竣工测量编绘。（1）道路中心直线段应每 25m 施测一个坐标和高程点。因此选项 A 说法错误。（2）过街天桥应测出天桥底面高程，并应标注与路面的净空高。因此选项 B 说法正确。（3）在桥梁工程竣工后应对桥墩、桥面及其附属设施进行现状测量。因此选项 C 说法正确。（4）地下管线竣工测量宜在覆土前进行，主要包括交叉点、分支点、转折点、变材点、变径点、变坡点、起讫点、上杆、下杆以及管线上附属设施中心点等。因此选项 D 说法错误。（5）场区建（构）筑物竣工测量，如渗沥液处理设施和泵房等，对矩形建（构）筑物应注明两点以上坐标，圆形建（构）筑物应注明中心坐标及接地外半径；建（构）筑物室内地坪标高；构筑物间连接管线及各线交叉点的坐标和标高。因此选项 E 说法正确。

29. A、C、D。本题考核的是污水处理氧化沟。（1）氧化沟是一种活性污泥处理系统，其曝气池呈封闭的沟渠型，所以它在水力流态上不同于传统的活性污泥法，它是一种首尾相连的循环流曝气沟渠，又称循环曝气池。因此选项 A 说法正确。（2）氧化沟是传统活性污泥法的一种改型，污水和活性污泥混合液在其中循环流动，动力来自于转刷与水下推进器。因此选项 E 错误。（3）氧化沟一般不需要设置初沉池，并且经常采用延时曝气。因此选项 D 说法正确。（4）二级处理以氧化沟为例，主要去除污水中呈胶体和溶解状态的有机污染物质。通常采用的方法是微生物处理法，具体方式有活性污泥法和生物膜法。因此选项 C 说法正确，选项 B 说法错误。

30. A、D。本题考核的是给水排水管道工程施工及验收。（1）工程所用的管材、管道附件、构（配）件和主要原材料等产品进入施工现场时必须进行进场验收并妥善保管。进场验收时应检查每批产品的订购合同、质量合格证书、性能检验报告、使用说明书、进口产品的商检报告及证件等并按国家有关标准规定进行复验，验收合格后方可使用。因此选项 A 说法正确。（2）水泥砂浆内防腐层成形后，应立即将管道封堵，终凝后进行潮湿养护。因此选项 B 说法错误。（3）无压管道在闭水或闭气试验合格后应及时回填。因此选项 C 说法错误。（4）给水排水管道工程施工质量控制中，相关各分项工程之间，必须进行交接检验，所有隐蔽分项工程应进行隐蔽验收，未经检验或验收不合格不得进行下道分项工程施工。因此选项 D 说法正确。（5）水泥砂浆内防腐层可采用机械喷涂、人工抹压、拖筒或离心预制法施工。采用人工抹压法施工时，应分层抹压。因此选项 E 错误。

三、实务操作和案例分析题

（一）

1. 土工格栅应设置在下列路段的垫层顶面：水泥搅拌桩处理段与改良换填段交接处（或 K0+680 和 K0+920 处）。

作用：(1) 提高路堤的稳定性。(2) 减小连接处的不均匀沉降。

2. 水泥搅拌桩在施工前采用试桩（或成桩试验）方式确定水泥掺量。

3. 需补充的水泥搅拌桩地基质量检验的主控项目：复合地基承载力、搅拌叶回转半径、桩长、桩身强度。

4. 水泥稳定碎石基层施工中的错误之处及改正如下：

错误之处一：采用重型压路机进行碾压（或采用轻型压路机碾压）；

改正：先轻型后重型压路机进行碾压。

错误之处二：养护 3d 后进行下一道工序是施工；

改正：常温下养护不小于 7d 养护完毕检验合格后方可下一道工序施工。

5. 项目部在土方外弃时应采用下列扬尘防控措施：

遮盖、冲洗车辆、清扫、洒水。

（二）

1. 地下管线管口漏水会对路面产生的危害有：冲刷管口周边土体，导致路出现轻微塌陷。

2. 两井之间实铺管长为：$1160-1120-(1-0.7/2)-0.7/2=39$m。铺管应从 16 号井开始。

3. 用砖砌封堵管口正确。

最早拆除封堵时间：更换后的管道严密性试验（闭气或闭水试验）合格后。

4. 施工现场安全管理采取的措施中错误之处及改正：

错误之处一：采取 1.5m 低围挡封闭施工；

改正：应采取高度 1.8~2.5m 的围挡封闭。

错误之处二：设置道路安全警告牌；

改正：应设道路安全指示牌。

错误之处三：夜间悬挂闪烁灯示警；

改正：夜间设红灯示警。

错误之处四：派养护工人维护现场行人交通；

改正：派专职交通疏导员（安全员）维护现场行人交通。

（三）

1. 该挡土墙结构形式属重力式挡土墙，端缝属于结构沉降缝（变形缝）。

2. 第一段挡土墙长度为 $50\div5=10$m，即 10000mm。

a 的数值：$(10000-40-350-350)/[(6-1)\times2]=926$mm。

第一段挡土墙基础方桩的根数：$6+6+5=17$ 根。

3. 监理叫停施工是合理的。

柴油锤沉桩有噪声大、振动大、柴油燃烧污染大气，会影响居民。

可以更换的沉桩方式包括：振动锤沉桩和静（液）压锤沉桩。

4. A 的名称是破桩头；B 的名称是绑扎基础钢筋。

（四）

1. 空心板预应力体系属于后张法、有粘结预应力体系。

2. 钢绞线存放的仓库需具备的条件：干燥、防潮、通风良好、无腐蚀气体和介质。

3. 施工方案（1）中钢绞线入库时材料员还需查验的资料：出厂质量证明文件、规格。

见证取样还需检测的项目：直径偏差、力学性能试验。

4. 全桥空心板中板的钢绞线用量计算：

N1 钢绞线单根长度：2×(4535+4189+1056+700)=20960mm；

N2 钢绞线单根长度：2×(6903+2597+243+700)=20886mm；

一片空心板需要钢绞线长度：2×(20.96+20.886)=83.692m；

全桥空心板中板数量：22×4×5=440 片；

全桥空心板中板的钢绞线用量：440×83.692=36824.480m。

5. 施工方案（3）中：

（1）空心板预制时，侧模拆除所需要满足条件：混凝土强度应能保证结构棱角不损坏时方可拆除，混凝土强度宜 2.5MPa 及以上。

（2）空心板预制时，芯模拆除所需要满足条件：混凝土抗压强度能保证结构表面不发生塌陷和裂缝时，方可拔出。

6. 施工方案（4）中，坍落度 A 大于 B，混凝土质量评定时应使用 B。

（五）

1. 直螺纹连接套筒进场需要提供的报告：产品合格证、产品说明书、产品试验报告单、型式检验报告。

钢筋丝头加工和连接件检测专用工具的名称：通规、止规、钢筋数显扭力扳手、卡尺。

2. 改正混凝土灌注桩施工过程的错误之处：

改正一：桩顶锚固钢筋伸入冠梁长度应为冠梁厚度。

改正二：混凝土浇筑应超出灌注桩设计标高 0.5~1m。

改正三：相邻桩之间净距小于 5m 时，邻桩混凝土强度达 5MPa 后，方可进行钻孔施工；或间隔钻孔施工。

3. 施工流程图中：

A 的名称是预制地道桥制作；B 的名称是监控量测。

4. 每次顶进还应检查：顶柱（铁）安装、后背变化情况（包括后背土体、后背梁、后背柱、挡土墙等部位）、顶程及总进尺等部位使用状况。

5. 在每一顶程中测量的内容是：

轴线、高程。

6. 地道桥顶进施工应考虑的防排水措施是：

地面硬化、挡土墙、截水沟、坑内排水沟、集水井。

2020年度全国一级建造师执业资格考试

《市政公用工程管理与实务》

真题及解析

学习遇到问题？
扫码在线答疑

2020年度《市政公用工程管理与实务》真题

一、单项选择题（共20题，每题1分。每题的备选项中，只有1个最符合题意）

1. 主要起防水、磨耗、防滑或改善碎（砾）石作用的路面面层是（　　）。

A. 热拌沥青混合料面层　　B. 冷拌沥青混合料面层

C. 沥青贯入式面层　　D. 沥青表面处治面层

2. 淤泥、淤泥质土及天然强度低、（　　）的黏土统称为软土。

A. 压缩性高、透水性大　　B. 压缩性高、透水性小

C. 压缩性低、透水性大　　D. 压缩性低、透水性小

3. 存在于地下两个隔水层之间，具有一定水头高度的水，称为（　　）。

A. 上层滞水　　B. 潜水

C. 承压水　　D. 毛细水

4. 以粗集料为主的沥青混合料复压宜优先选用（　　）。

A. 振动压路机　　B. 钢轮压路机

C. 重型轮胎压路机　　D. 双轮钢筒式压路机

5. 现场绑扎钢筋时，不需要全部用绑丝绑扎的交叉点是（　　）。

A. 受力钢筋的交叉点

B. 单向受力钢筋网片外围两行钢筋交叉点

C. 单向受力钢筋网中间部分交叉点

D. 双向受力钢筋的交叉点

6. 关于桥梁支座的说法，错误的是（　　）。

A. 支座传递上部结构承受的荷载

B. 支座传递上部结构承受的位移

C. 支座传递上部结构承受的转角

D. 支座对桥梁变形的约束应尽可能大，以限制梁体自由伸缩

7. 关于先张法预应力空心板梁的场内移运和存放的说法，错误的是（　　）。

A. 吊运时，混凝土强度不得低于设计强度的75%

B. 存放时，支点处应采用垫木支承

C. 存放时间可长达3个月

D. 同长度的构件，多层叠放时，上下层垫木在竖直面上应适当错开

8. 钢梁制造企业应向安装企业提供的相关文件中，不包括（　　）。

A. 产品合格证　　B. 钢梁制造环境的温度、湿度记录

C. 钢材检验报告　　D. 工厂试拼装记录

9. 柔性管道工程施工质量控制的关键是（　　）。

A. 管道接口　　B. 管道基础

C. 沟槽回填　　D. 管道坡度

10. 地铁基坑采用的围护结构形式很多，其中强度大、开挖深度大，同时可兼作主体结构一部分的围护结构是（　　）。

A. 重力式水泥土挡墙　　B. 地下连续墙

C. 预制混凝土板桩　　D. SMW 工法桩

11. 盾构接收施工，工序可分为：①洞门凿除；②到达段掘进；③接收基座安装与固定；④洞门密封安装；⑤盾构接收。施工程序正确的是（　　）。

A. ①→③→④→②→⑤　　B. ①→②→③→④→⑤

C. ①→④→②→③→⑤　　D. ①→②→④→③→⑤

12. 关于沉井施工技术的说法，正确的是（　　）。

A. 在粉细砂土层采用不排水下沉时，井内水位应高出井外水位 0.5m

B. 沉井下沉时，需对沉井的标高、轴线位移进行测量

C. 大型沉井应进行结构内力监测及裂缝观测

D. 水下封底混凝土强度达到设计强度等级的 75%时，可将井内水抽除

13. 关于水处理构筑物特点的说法中，错误的是（　　）。

A. 薄板结构　　B. 抗渗性好

C. 抗地层变位性好　　D. 配筋率高

14. 下列关于给水排水构筑物施工的说法，正确的是（　　）。

A. 砌体的沉降缝应与基础沉降缝贯通，变形缝应错开

B. 砖砌拱圈应自两侧向拱中心进行，反拱砌筑顺序反之

C. 检查井砌筑完成后再安装踏步

D. 预制拼装构筑物施工速度快、造价低，应推广使用

15. 金属供热管道安装时，焊缝可设置于（　　）。

A. 管道与阀门连接处　　B. 管道支架处

C. 保护套管中　　D. 穿过构筑物结构处

16. 渗沥液收集导排系统施工控制要点中，导排层所用卵石的（　　）含量必须小于 10%。

A. 碳酸钠（Na_2CO_3）　　B. 氧化镁（MgO）

C. 碳酸钙（$CaCO_3$）　　D. 氧化硅（SiO_2）

17. 为市政公用工程设施改扩建提供基础资料的是原设施的（　　）测量资料。

A. 施工中　　B. 施工前

C. 勘察　　D. 竣工

18. 下列投标文件内容中，属于经济部分的是（　　）。

A. 投标保证金　　B. 投标报价

C. 投标函　　　　D. 施工方案

19. 在施工合同常见的风险种类与识别中，水电、建材不能正常供应属于（　　）。

A. 工程项目的经济风险　　　　B. 业主资信风险

C. 外界环境风险　　　　D. 隐含的风险条款

20. 下列水处理构筑物中，需要做气密性试验的是（　　）。

A. 消化池　　　　B. 生物反应池

C. 曝气池　　　　D. 沉淀池

二、多项选择题（共10题，每题2分。每题的备选项中，有2个或2个以上符合题意，至少有1个错项。错选，本题不得分；少选，所选的每个选项得0.5分）

21. 下列沥青混合料中，属于骨架—空隙结构的有（　　）。

A. 普通沥青混合料　　　　B. 沥青碎石混合料

C. 改性沥青混合料　　　　D. OGFC排水沥青混合料

E. 沥青玛琋脂碎石混合料

22. 再生沥青混合料生产工艺中的性能试验指标除了矿料间隙率、饱和度，还有（　　）。

A. 空隙率　　　　B. 配合比

C. 马歇尔稳定度　　　　D. 车辙试验稳定度

E. 流值

23. 桥梁伸缩缝一般设置于（　　）。

A. 桥墩处的上部结构之间　　　　B. 桥台端墙与上部结构之间

C. 连续梁桥最大负弯矩处　　　　D. 梁式桥的跨中位置

E. 拱式桥拱顶位置的桥面处

24. 地铁车站通常由车站主体及（　　）组成。

A. 出入口及通道　　　　B. 通风道

C. 风亭　　　　D. 冷却塔

E. 轨道及道床

25. 关于直径50m的无粘结预应力混凝土沉淀池施工技术的说法，正确的有（　　）。

A. 无粘结预应力筋不允许有接头

B. 封锚外露预应力筋保护层厚度不小于50mm

C. 封锚混凝土强度等级不得低于C40

D. 安装时，每段预应力筋计算长度为两端张拉工作长度和锚具长度

E. 封锚前无粘结预应力筋应切断，外露长度不大于50mm

26. 在采取套管保护措施的前提下，地下燃气管道可穿越（　　）。

A. 加气站　　　　B. 商场

C. 高速公路　　　　D. 铁路

E. 化工厂

27. 连续浇筑综合管廊混凝土时，为保证混凝土振捣密实，在（　　）部位周边应辅助人工插捣。

A. 预留孔　　　　B. 预埋件

C. 止水带　　　　D. 沉降缝

E. 预埋管

28. 关于工程竣工验收的说法，正确的有（　　）。

A. 重要部位的地基与基础，由总监理工程师组织，施工单位、设计单位项目负责人参加验收

B. 检验批及分项工程，由专业监理工程师组织施工单位专业质量或技术负责人验收

C. 单位工程中的分包工程，由分包单位直接向监理单位提出验收申请

D. 整个建设项目验收程序为：施工单位自验合格，总监理工程师预验收认可后，由建设单位组织各方正式验收

E. 验收时，对涉及结构安全、使用功能等的重要分部工程，需提供抽样检测合格报告

29. 关于因不可抗力导致相关费用调整的说法，正确的有（　　）。

A. 工程本身的损害由发包人承担

B. 承包人人员伤亡所产生的费用，由发包人承担

C. 承包人的停工损失，由承包人承担

D. 运至施工现场待安装设备的损害，由发包人承担

E. 工程所需清理、修复费用，由发包人承担

30. 在设置施工成本管理组织机构时，要考虑到市政公用工程施工项目具有（　　）等特点。

A. 多变性　　　　B. 阶段性

C. 流动性　　　　D. 单件性

E. 简单性

三、实务操作和案例分析题（共5题，（一）、（二）、（三）题各20分，（四）、（五）题各30分）

（一）

背景资料：

某单位承建城镇主干道大修工程，道路全长2km，红线宽50m，路幅分配情况如图1所

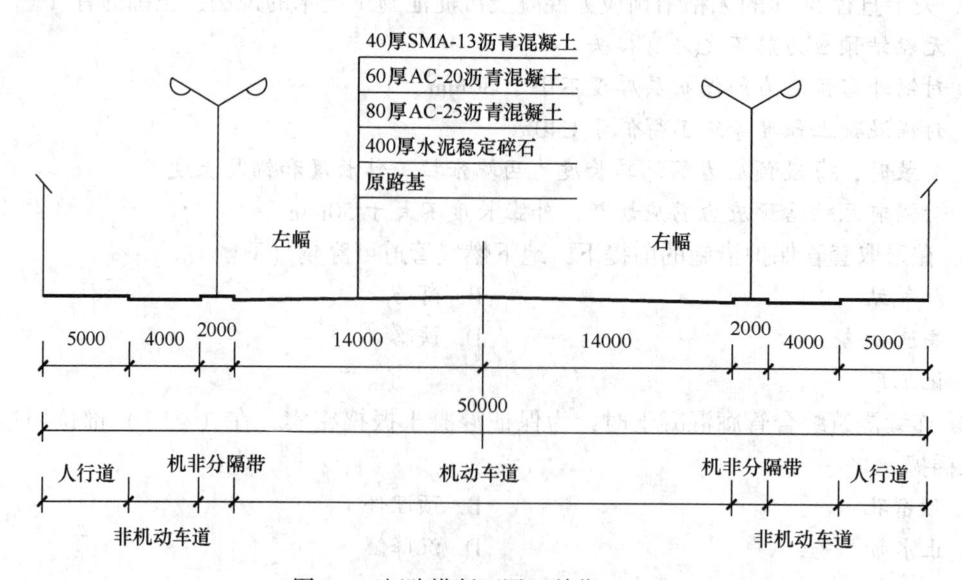

图1　三幅路横断面图（单位：mm）

示。现状路面结构为40mm厚AC-13细粒式沥青混凝土上面层，60mm厚AC-20中粒式沥青混凝土中面层，80mm厚AC-25粗粒式沥青混凝土下面层。工程主要内容为：①对道路破损部位进行翻挖补强；②铣刨40mm的旧沥青混凝土上面层后，加铺40mm厚SMA-13沥青混凝土上面层。

接到任务后，项目部对现状道路进行综合调查，编制了施工组织设计和交通导行方案，并报监理单位及交通管理部门审批，导行方案如图2所示。因办理占道、挖掘等相关手续，实际开工日期比计划日期滞后2个月。

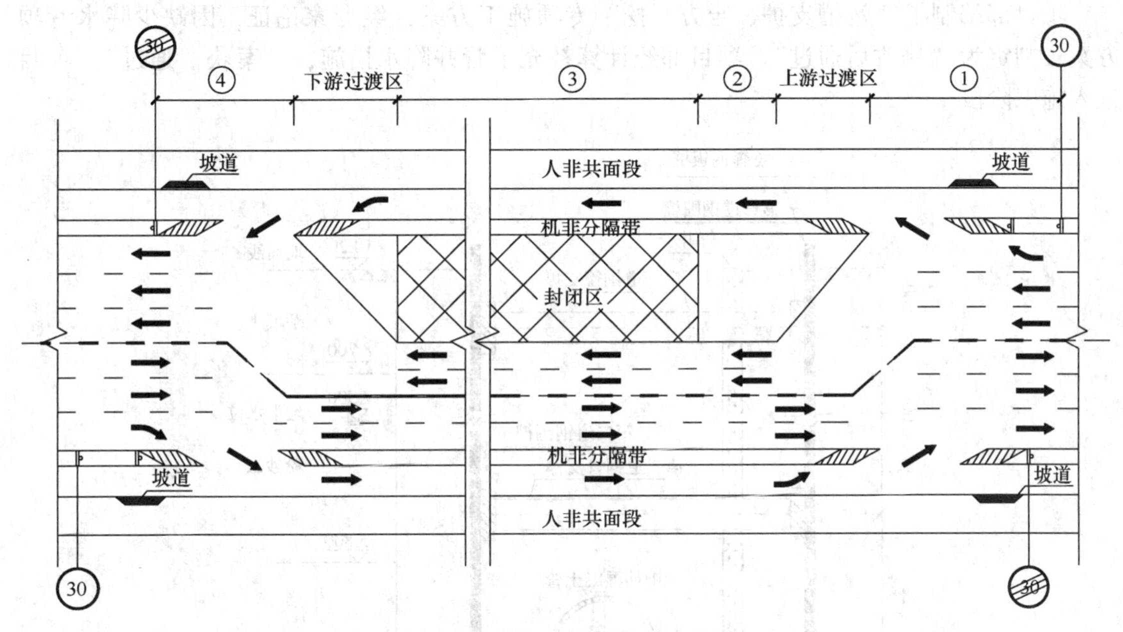

图2 左幅交通导行平面示意图

道路封闭施工过程中，发生如下事件：

事件1：项目部进场后对沉陷、坑槽等部位进行了翻挖探查，发现左幅基层存在大面积弹软现象，立即通知相关单位现场确定处理方案，拟采用400mm厚水泥稳定碎石分两层换填，并签字确认。

事件2：为保证工期，项目部集中力量迅速完成了水泥稳定碎石基层施工，监理单位组织验收结果为合格。项目部完成AC-25下面层施工后对纵向接缝进行简单清扫便开始摊铺AC-20中面层，最后转换交通进行右幅施工。由于右幅道路基层没有破损现象，考虑到工期紧，在沥青摊铺前对既有路面铣刨、修补后，项目部申请全路封闭施工，报告批准后开始进行上面层摊铺工作。

问题：

1. 交通导行方案还需要报哪个部门审批？
2. 根据交通导行平面示意图，请指图中①、②、③、④各为哪个疏导作业区？
3. 事件1中，确定基层处理方案需要哪些单位参加？
4. 事件2中，水泥稳定碎石基层检验与验收的主控项目有哪些？
5. 请指出沥青摊铺工作的不当之处，并给出正确做法。

（二）

背景资料：

某公司承建一项城市污水管道工程，管道全长 1.5km，采用 *DN*1200mm 的钢筋混凝土管，管道平均覆土深度约 6m。

考虑现场地质水文条件，项目部准备采用“拉森钢板桩+钢围檩+钢管支撑”的支护方式，沟槽支护情况如图 3 所示。

项目部编制了“沟槽支护、土方开挖”专项施工方案，经专家论证，因缺少降水专项方案被判定为“修改后通过”。项目部经计算补充了管井降水措施，方案获“通过”，项目进入施工阶段。

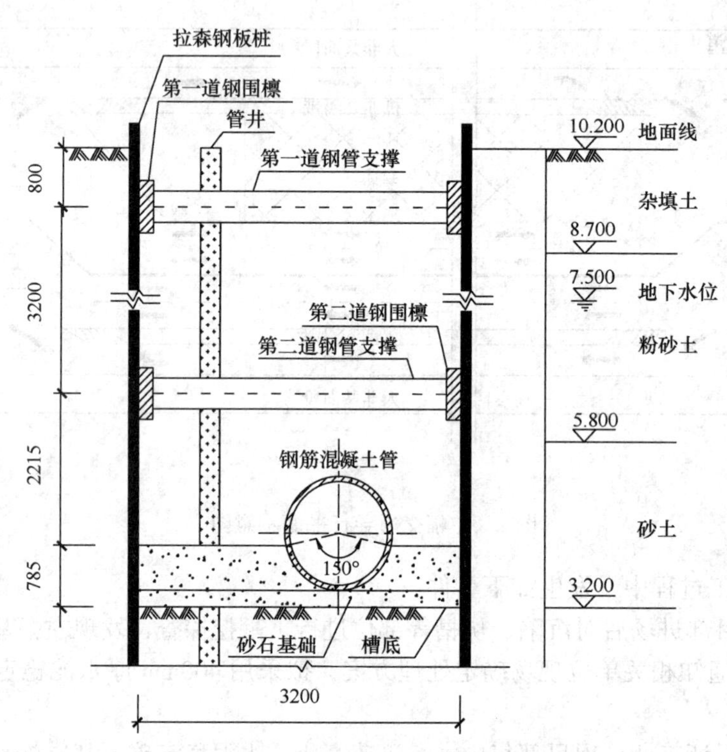

图 3　沟槽支护示意图（标高单位：m；尺寸单位：mm）

在沟槽开挖到槽底后进行了分项工程质量验收，槽底无水浸、扰动，槽底高程、中线、宽度符合设计要求。项目部认为沟槽开挖验收合格，拟开始后续垫层施工。

在完成下游 3 个井段管道安装及检查井砌筑后，抽取其中 1 个井段进行了闭水试验，实测渗水量为 0.0285L/（min·m）。［规范规定 *DN*1200mm 钢筋混凝土管合格渗水量不大于 43.30m³/（24h·km）］

为加快施工进度，项目部拟增加现场作业人员。

问题：

1. 写出钢板桩围护方式的优点。
2. 管井成孔时是否需要泥浆护壁？写出滤管与孔壁间填充滤料的名称，写出确定滤管内径的因素是什么？

3. 写出项目部“沟槽开挖”分项工程质量验收中缺失的项目。

4. 列式计算该井段闭水试验渗水量结果是否合格？

5. 写出新进场工人上岗前应具备的条件。

（三）

背景资料：

某公司承建一座跨河城市桥梁。基础均采用 ϕ1500mm 钢筋混凝土钻孔灌注桩，设计为端承桩，桩底嵌入中风化岩层 2*D*（*D* 为桩基直径）；桩顶采用盖梁连结；盖梁高度为 1200mm，顶面标高为 20.000m。河床地层揭示依次为淤泥、淤泥质黏土、黏土、泥岩、强风化岩、中风化岩。

项目部编制的桩基施工方案明确如下内容：

（1）下部结构施工采用水上作业平台施工方案。水上作业平台结构为 ϕ600mm 钢管桩+型钢+人字钢板搭设。水上作业平台如图 4 所示。

（2）根据桩基设计类型及桥位水文、地质等情况，设备选用“2000 型”正循环回转钻机施工（另配牙轮钻头等），成桩方式未定。

（3）图 4 中 A 构件名称和使用的相关规定。

（4）由于设计对孔底沉渣厚度未做具体要求，灌注水下混凝土前，进行二次清孔，当孔底沉渣厚度满足规范要求后，开始灌注水下混凝土。

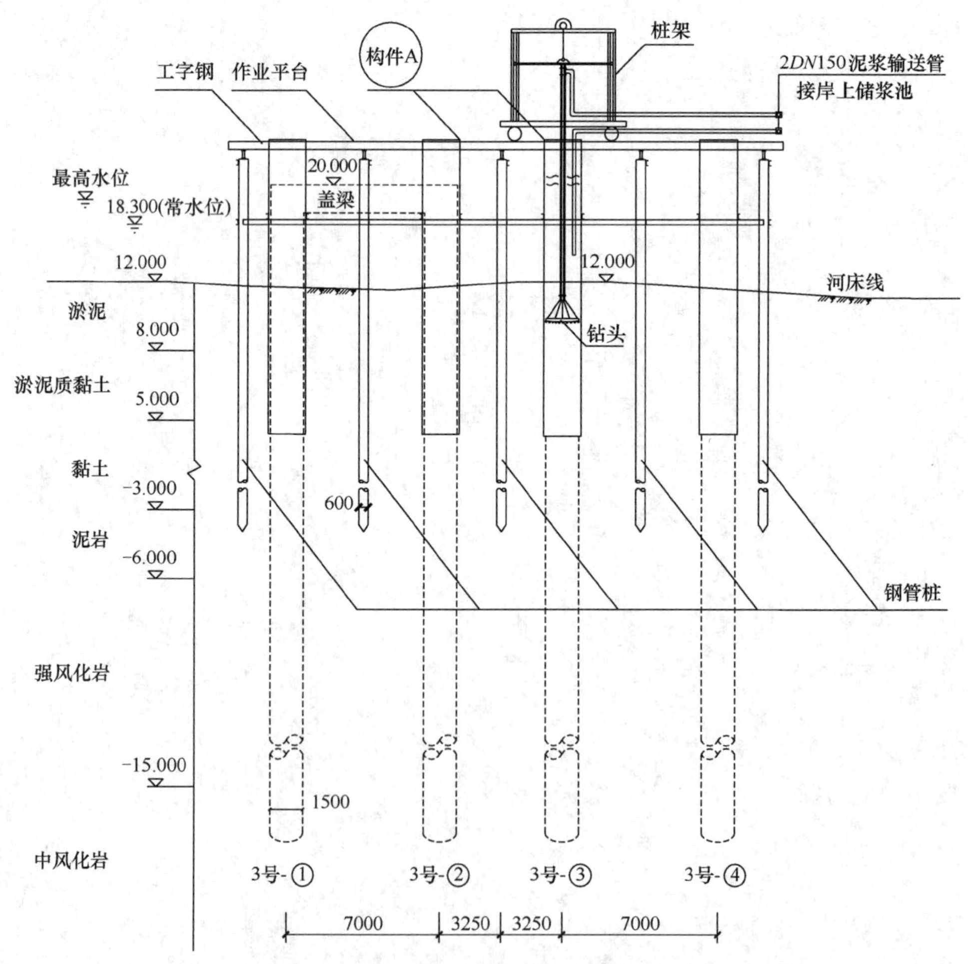

图 4　3 号墩水上作业平台及桩基施工横断面布置示意图

（标高单位：m；尺寸单位：mm）

问题：

1. 结合背景资料及图 4，指出水上作业平台应设置哪些安全设施？

2. 施工方案（2）中，指出项目部选择钻机类型的理由及成桩方式。

3. 施工方案（3）中，所指构件 A 的名称是什么？构件 A 施工时需使用哪些机械配合？构件 A 应高出施工水位多少米？

4. 结合背景资料及图 4，列式计算 3 号-①桩的桩长。

5. 在施工方案（4）中，指出孔底沉渣厚度的最大允许值。

（四）

背景资料：

某市为了交通发展，需修建一条双向快速环线（如图5所示），里程桩号为K0+000～K19+998.984。建设单位将该建设项目划分为10个标段，项目清单如表1所示，当年10月份进行招标，拟定工期为24个月，同时成立了管理公司，由其代建。

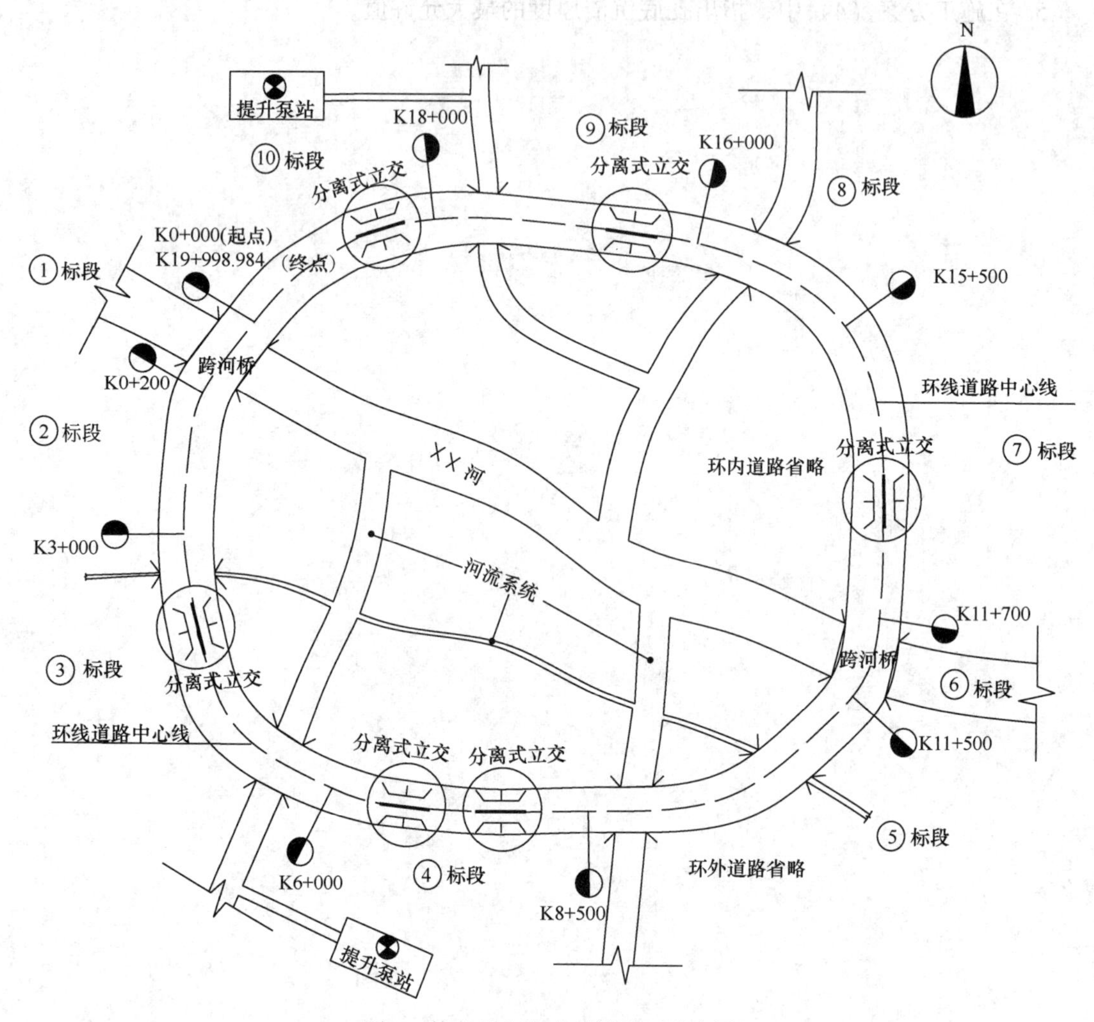

图5　某市双向快速环线平面示意图

表1　某市快速环路项目清单

标段号	里程桩号	项目内容
①	K0+000～K0+200	跨河桥
②	K0+200～K3+000	排水工程、道路工程
③	K3+000～K6+000	沿路跨河中小桥、分离式立交、排水工程、道路工程
④	K6+000～K8+500	提升泵站、分离式立交、排水工程、道路工程
⑤	K8+500～K11+500	A

续表

标段号	里程桩号	项目内容
⑥	K11+500～K11+700	跨河桥
⑦	K11+700～K15+500	分离式立交、排水工程、道路工程
⑧	K15+500～K16+000	沿路跨河中小桥、排水工程、道路工程
⑨	K16+000～K18+000	分离式立交、沿路跨河中小桥、排水工程、道路工程
⑩	K18+000～K19+998.984	分离式立交、提升泵站、排水工程、道路工程

各投标单位按要求中标后，管理公司召开设计交底会，与会的有设计、勘察、施工单位等。

开会时，有③、⑤标段的施工单位提出自己中标的项目中各有1座泄洪沟小桥的桥位将会制约相邻标段的通行，给施工带来不便，建议改为过路管涵，管理公司表示认同，并请设计单位出具变更通知单，施工现场采取封闭管理，按变更后的图纸组织现场施工。

③ 标段的施工单位向管理公司提交了施工进度计划横道图（如图6所示）。

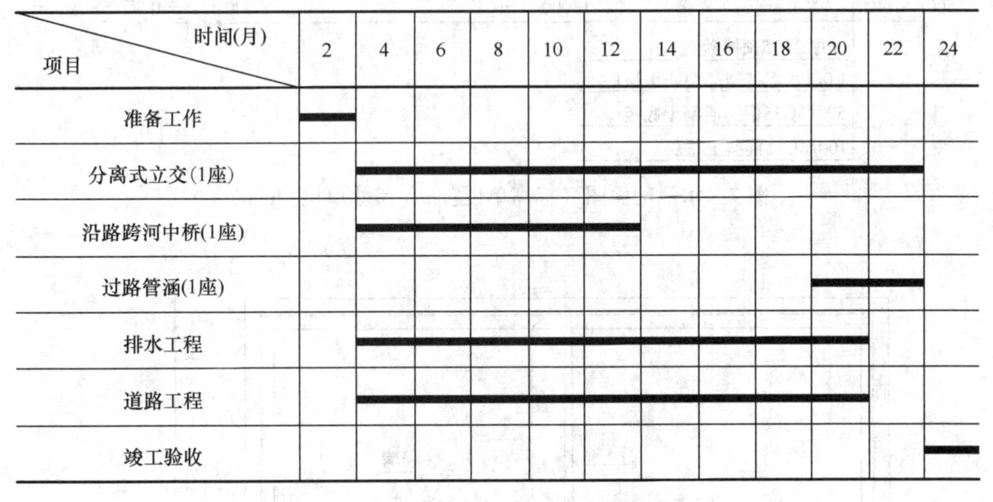

图6 ③标段施工进度计划横道图

问题：

1. 按表1所示，根据各项目特征，该建设项目有几个单位工程？写出其中⑤标段[A]的项目内容？⑩标段完成的长度为多少米？

2. 成立的管理公司担当哪个单位的职责？与会者还缺哪家单位？

3. ③、⑤标段的施工单位提出变更申请的理由是否合理？针对施工单位提出的变更设计申请，管理公司应如何处理？为保证现场封闭施工，施工单位最先完成与最后完成的工作是什么？

4. 写出③标段施工进度计划横道图中出现的不妥之处，应该怎样调整？

（五）

背景资料：

A 公司承建某地下水池工程，为现浇钢筋混凝土结构。混凝土设计强度等级为 C35，抗渗等级为 P8。水池结构内设有三道钢筋混凝土隔墙，顶板上设置有通气孔及人孔，水池结构如图 7、图 8 所示。

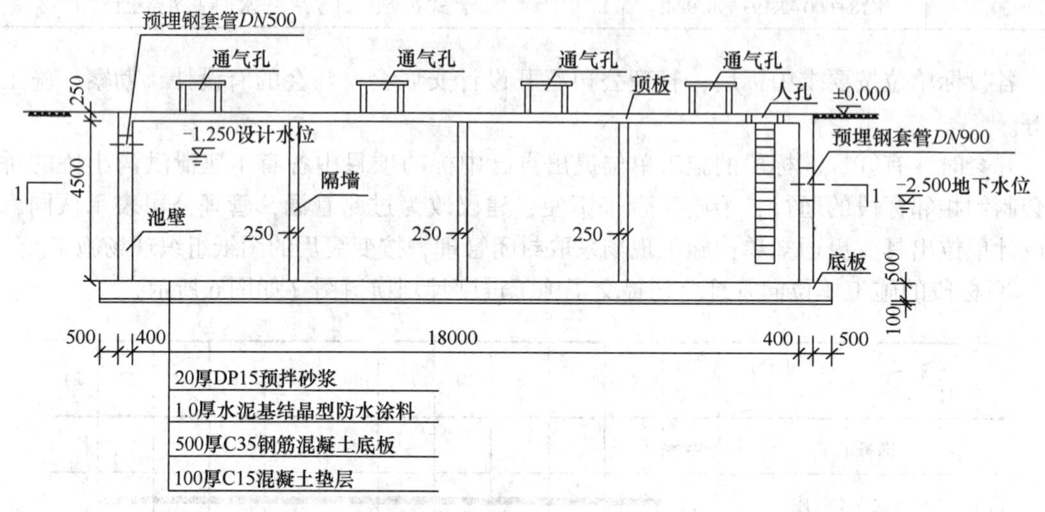

图 7　水池剖面图（标高单位：m；尺寸单位：mm）

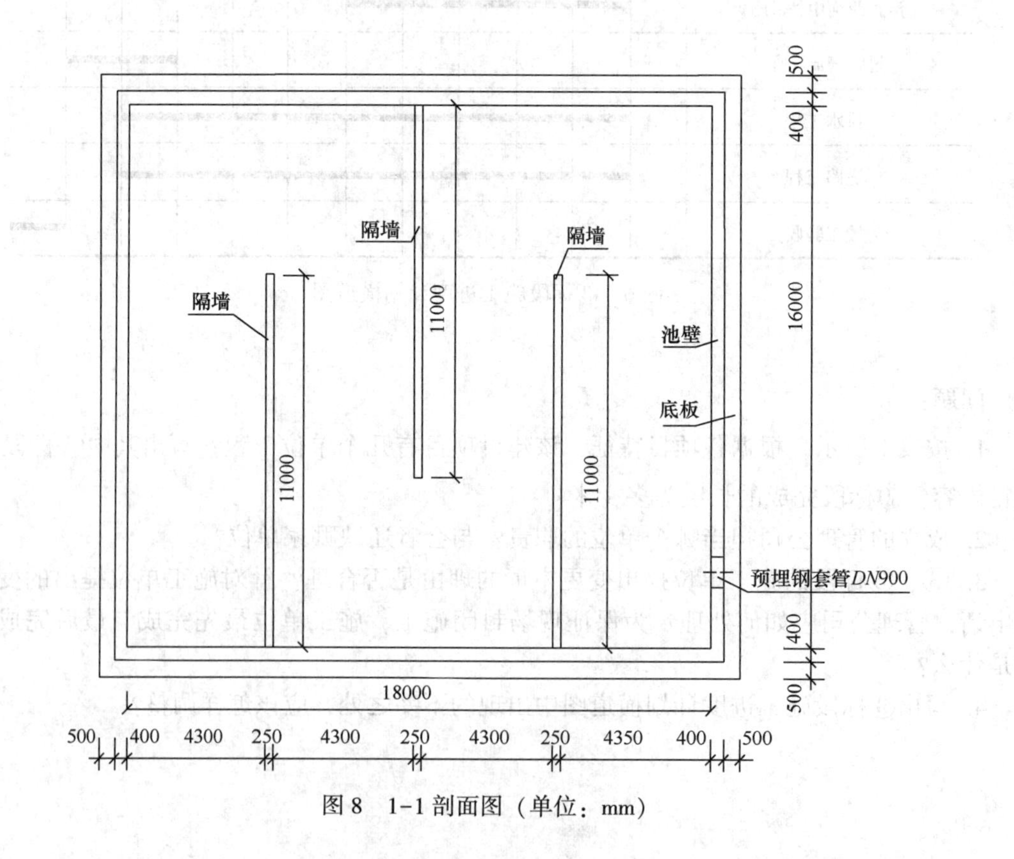

图 8　1-1 剖面图（单位：mm）

A 公司项目部将场区内降水工程分包给 B 公司。结构施工正值雨期，为满足施工开挖及结构抗浮要求，B 公司编制了降水排水方案，经项目部技术负责人审批后报送监理单位。

水池顶板混凝土采用支架整体现浇，项目部编制了顶板支架支拆施工方案，明确了拆除支架时混凝土强度、拆除安全措施，如设置上下爬梯、洞口防护等。

项目部计划在顶板模板拆除后，进行底板防水施工，然后再进行满水试验，被监理工程师制止。

项目部编制了水池满水试验方案，方案中对试验流程、试验前准备工作、注水过程、水位观测、质量、安全等内容进行了详细的描述，经审批后进行了满水试验。

问题：

1. B 公司方案报送审批流程是否正确？说明理由。

2. 请说明 B 公司降水注意事项、降水结束时间。

3. 项目部拆除顶板支架时混凝土强度应满足什么要求？请说明理由。请列举拆除支架时，还有哪些安全措施？

4. 请说明监理工程师制止项目部施工的理由。

5. 满水试验前，需要对哪个部位进行压力验算？水池注水过程中，项目部应关注哪些易渗漏水部位？除了对水位观测外，还应进行哪个项目观测？

6. 请说明满水试验水位观测时，水位测针的初读数与末读数的测读时间；计算池壁和池底的浸湿面积（单位：m^2）。

2020年度真题参考答案及解析

一、单项选择题

1. D;	2. B;	3. C;	4. A;	5. C;
6. D;	7. D;	8. B;	9. C;	10. B;
11. A;	12. B;	13. C;	14. B;	15. A;
16. C;	17. D;	18. B;	19. C;	20. A。

【解析】

1. D。本题考核的是沥青表面处治面层的特性。沥青表面处治面层主要起防水层、磨耗层、防滑层或改善碎（砾）石路面的作用，其集料最大粒径应与处治层厚度相匹配。

2. B。本题考核的是软土。淤泥、淤泥质土及天然强度低、压缩性高、透水性小的黏土统称为软土。

3. C。本题考核的是承压水。承压水存在于地下两个隔水层之间，具有一定的水头高度，一般需注意其向上的排泄，即对潜水和地表水的补给或以上升泉的形式出露。

4. A。本题考核的是沥青混合料面层压实成型与接缝。密级配沥青混凝土混合料复压宜优先采用重型轮胎压路机进行碾压，以增加密实性，其总质量不宜小于25t。相邻碾压带应重叠1/3~1/2轮宽。对粗集料为主的混合料，宜优先采用振动压路机复压。

5. C。本题考核的是钢筋现场绑扎应符合的规定。钢筋的交叉点应采用绑丝绑牢，必要时可辅以点焊。钢筋网的外围两行钢筋交叉点应全部扎牢，中间部分交叉点可间隔交错扎牢，但双向受力的钢筋网，钢筋交叉点必须全部扎牢。

6. D。本题考核的是桥梁支座。桥梁支座是连接桥梁上部结构和下部结构的重要结构部件，位于桥梁和垫石之间，它能将桥梁上部结构承受的荷载和变形（位移和转角）可靠地传递给桥梁下部结构，是桥梁的重要传力装置。桥梁支座的功能要求：首先支座必须具有足够的承载能力，以保证可靠地传递支座反力（竖向力和水平力）；其次支座对桥梁变形的约束应尽可能小，以适应梁体自由伸缩和转动的需要；另外支座还应便于安装、养护和维修，并在必要时可以进行更换。

7. D。本题考核的是装配式梁（板）构件的场内移运和存放。当构件多层叠放时，层与层之间应以垫木隔开，各层垫木的位置应设在设计规定的支点处，上下层垫木应在同一条竖直线上。

8. B。本题考核的是钢梁制造企业应向安装企业提供的文件。钢梁制造企业应向安装企业提供下列文件：(1)产品合格证；(2)钢材和其他材料质量证明书和检验报告；(3)施工图，拼装简图；(4)工厂高强度螺栓摩擦面抗滑移系数试验报告；(5)焊缝无损检验报告和焊缝重大修补记录；(6)产品试板的试验报告；(7)工厂试拼装记录；(8)杆件发运和包装清单。

9. C。本题考核的是柔性管道工程施工质量控制的关键。柔性管道的沟槽回填质量控制是柔性管道工程施工质量控制的关键。

10. B。本题考核的是地下连续墙的特点。地下连续墙的特点表现在：(1) 刚度大，开挖深度大，可适用于所有地层。(2) 强度大，变位小，隔水性好，同时可兼作主体结构的一部分。(3) 可邻近建筑物、构筑物使用，环境影响小。(4) 造价高。

11. A。本题考核的是盾构接收施工流程。盾构接收一般按下列程序进行：洞门凿除→接收基座的安装与固定→洞门密封安装→到达段掘进→盾构接收。

12. B。本题考核的是沉井下沉施工。(1) 流动性土层开挖时，应保持井内水位高出井外水位不少于 1m，故选项 A 错误。(2) 选项 C 的正确表述是：大型沉井应进行结构变形和裂缝观测。(3) 水下封底混凝土强度达到设计强度等级，沉井能满足抗浮要求时，方可将井内水抽除，故选项 D 错误。

13. C。本题考核的是水处理构筑物特点。水处理（调蓄）构筑物和泵房多数采用地下或半地下钢筋混凝土结构，特点是构件断面较薄，属于薄板或薄壳型结构，配筋率较高，具有较高抗渗性和良好的整体性要求。

14. B。本题考核的是给水排水构筑物施工。(1) 砌体的沉降缝、变形缝、止水缝应位置准确、砌体平整、砌体垂直贯通，缝板、止水带安装正确，沉降缝、变形缝应与基础的沉降缝、变形缝贯通，故选项 A 错误。(2) 砌筑应自两侧向拱中心对称进行，灰缝匀称，拱中心位置正确，灰缝砂浆饱满严密。反拱砌筑时根据样板挂线，先砌中心的一列砖、石，并找准高程后接砌两侧，故选项 B 正确。(3) 砌筑时应同时安装踏步，故选项 C 错误。D 选项教材中没有原文，不过有施工常识的人都知道，预制拼装结构的特点是施工速度快，但绝大部分造价比较高，所以本题 D 选项错误。

15. A。本题考核的是供热管道连接要求。(1) 管道支架处不得有焊缝，故选项 B 不符合题意。(2) 管道环焊缝不得置于建筑物、闸井（或检查室）的墙壁或其他构筑物的结构中，管道穿过基础、墙体、楼板处，应安装套管，管道的焊口及保温接口不得置于墙壁中和套管中，套管与管道之间的空隙应用柔性材料填塞，故选项 C、D 不符合题意。

16. C。本题考核的是生活垃圾填埋场填埋区导排系统施工控制要点。导排层所用卵石 $CaCO_3$ 含量必须小于 10%，防止年久钙化使导排层板结造成填埋区侧漏。

17. D。本题考核的是施工测量作用。竣工测量为市政公用工程设施的验收、运行管理及设施扩建改造提供了基础资料。

18. B。本题考核的是投标文件的组成。投标文件通常由商务部分、经济部分、技术部分等组成。其中的经济部分包括：(1) 投标报价；(2) 已标价的工程量；(3) 拟分包项目情况。

19. C。本题考核的是工程常见的风险种类。工程常见的风险种类有：(1) 工程项目的技术、经济、法律等方面的风险；(2) 业主资信风险；(3) 外界环境的风险；(4) 合同风险。水电供应、建材供应不能保证等属于外界环境的风险。

20. A。本题考核的是水池气密性试验的要求。需进行满水试验和气密性试验的池体，应在满水试验合格后，再进行气密性试验。比如消化池满水试验合格后，还应进行气密性试验。

二、多项选择题

21. B、D；　22. A、C、E；　23. A、B；

24. A、B、C、D；　25. A、B、C；　26. C、D；

27. A、B、C、E； 28. B、D、E； 29. A、C、D、E；
30. A、B、C。

21. B、D。本题考核的是沥青混合料结构类型。按级配原则构成的沥青混合料，其结构组成通常有下列三种形式：悬浮—密实结构；骨架—空隙结构；骨架—密实结构。其中的骨架—空隙结构的内摩擦角 φ 较高，但黏聚力 c 较低。沥青碎石混合料（AM）和 OGFC 排水沥青混合料是这种结构的典型代表。

22. A、C、E。本题考核的是再生沥青混合料性能试验指标。再生沥青混合料性能试验指标有：空隙率、矿料间隙率、饱和度、马歇尔稳定度、流值等。

23. A、B。本题考核的是桥梁伸缩缝的设置位置。为满足桥面变形的要求，通常在两梁端之间、梁端与桥台之间或桥梁的铰接位置上设置伸缩装置。

24. A、B、C、D。本题考核的是地铁车站的组成。地铁车站通常由车站主体（站台、站厅、设备用房、生活用房），出入口及通道，附属建筑物（通风道、风亭、冷却塔等）三大部分组成。

25. A、B、C。本题考核的是无粘结预应力施工。(1) 每段无粘结预应力筋的计算长度应加入一个锚固肋宽度及两端张拉工作长度和锚具长度，故选项 D 错误。(2) 选项 E 错在 50mm，正确应为 100mm。

26. C、D。本题考核的是燃气管道穿越构（建）筑物的规定。穿越铁路和高速公路的燃气管道，其外应加套管，并提高绝缘、防腐等级。

27. A、B、C、E。本题考核的是现浇钢筋混凝土结构施工技术。混凝土的浇筑应在模板和支架检验合格后进行。入模时应防止离析。连续浇筑时，每层浇筑高度应满足振捣密实的要求。预留孔、预埋管、预埋件及止水带等周边混凝土浇筑时，应辅助人工插捣。

28. B、D、E。本题考核的是工程竣工验收。(1) 选项 A 错在"施工单位专业质量或技术负责人验收"，正确应为"施工单位项目负责人和项目技术、质量负责人等进行验收"。(2) 单位工程中的分包工程完工后，分包单位应对所承包的工程项目进行自检，并应按标准规定的程序进行验收，验收时总包单位应派人参加，故选项 C 错误。

29. A、C、D、E。本题考核的是因不可抗力导致的相关费用调整。因不可抗力事件导致的费用，发、承包人双方应按以下原则分担并调整工程价款：(1) 工程本身的损害、因工程损害导致第三方人员伤亡和财产损失以及运至施工现场用于施工的材料和待安装的设备的损害，由发包人承担；(2) 发包人、承包人人员伤亡由其所在单位负责，并承担相应费用；(3) 承包人施工机具设备的损坏及停工损失，由承包人承担；(4) 停工期间，承包人应发包人要求留在施工现场的必要管理人员及保卫人员的费用，由发包人承担；(5) 工程所需清理、修复费用，由发包人承担。

30. A、B、C。本题考核的是管理的组织机构设置应符合的要求。市政公用工程施工项目具有多变性、流动性、阶段性等特点。

三、实务操作和案例分析题

（一）

1. 交通导行方案还需报道路管理部门批准。

2. 在交通导行平面示意图中，①——警告区；②——缓冲区；③——作业区（或工作区）；④——终止区。

3. 事件1中，确定基层处理方案需要监理单位、设计（勘察）单位参加。

4. 事件2中，水泥稳定碎石基层检验与验收的主控项目包括原材料、压实度、7d无侧限抗压强度。

5. 不妥之处：完成AC-25下面层施工后对纵向接缝进行了简单清扫便开始摊铺AC-20中面层。

正确做法：左幅施工采用冷接缝时，将右幅的沥青混凝土毛槎切齐，接缝处涂刷粘层油再铺新料，上面层摊铺前纵向接缝处铺设土工格栅、土工布、玻纤网等土工织物。

（二）

1. 钢板桩围护方式的优点：强度高，桩与桩之间的连接紧密，隔水效果好，具有施工灵活、板桩可重复使用等优点。

2. 管井成孔时需要泥浆护壁。

滤管与孔壁间填充滤料的名称：磨圆度好的硬质岩石成分的圆砾。

确定滤管内径的因素是水泵规格。

3. 项目部"沟槽开挖"分项工程质量验收中缺失的项目：地基承载力。

4. 试验渗水量计算：

$43.30m^3/(24h \cdot km)=43.30/(24\times60)=0.030L/(min \cdot m)$；

$0.0285L/(min \cdot m)<0.030L/(min \cdot m)$。

实测渗水量小于合格渗水量，因此该井段闭水试验渗水量合格。

5. 新进场工人上岗前应具备的条件：

（1）实名制平台登记；

（2）签订劳动合同；

（3）进行岗前教育培训；

（4）特殊工种需持证上岗。

（三）

1. 水上作业平台应设置的安全设施有警示标志（牌）、周边设置护栏、孔口防护（孔口加盖）措施、救生衣、救生圈。

2. 选择钻机类型的理由：持力层为中风化岩层，正循环回转钻机能满足现场地质钻进要求。

成桩方式：泥浆护壁成孔桩。

3. 施工方案（3）中，构件A的名称是钢护筒；

构件A施工时需使用的机械是：吊车（吊装机械）、振动锤；

构件A应高出施工水位2m。

4. 桩顶标高：$20.000-1.2=18.800m$；

桩底标高：$-15.000-2\times1.5=-18.000m$；

桩长：$18.800-(-18.000)=36.8m$。

5. 孔底沉渣厚度的最大允许值为100mm。

（四）

1. 该建设项目有 10 个单位工程。

⑤ 标段A的项目内容有：沿路跨河中小桥、排水工程、道路工程。

⑩ 标段完成的长度为：19998.984−18000=1998.984m。

2. 成立的管理公司担当建设单位的职责。

与会者还缺监理单位的人。

3. ③、⑤标段的施工单位提出变更申请的理由合理。

针对施工单位提出的变更设计申请，应由监理单位审查后，报管理公司（建设单位）签认（审批），再由设计单位出具设计变更。

最先完成的工作：施工围挡安装；最后完成的工作：施工围挡拆除。

4. 不妥之处一：过路管涵竣工在道路工程竣工后。

调整：过路管涵在排水工程之前竣工。

不妥之处二：排水工程与道路工程同步竣工。

调整：排水工程在道路工程之前竣工。

（五）

1. B 公司方案报送审批流程不正确。

理由：应由 A、B 公司的技术负责人审批、加盖单位公章后送审。

2. 考虑到施工中构筑物抗浮要求，B 公司降水排水不能间断，构筑物具备抗浮条件时方可停止降水。

3. 顶板混凝土强度应达到设计强度的 100%。

理由：顶板跨度大于 8m，支架拆除时，强度须达到设计强度的 100%。

拆除支架时的安全措施还有：边界设置警示标志；专人值守；拆除人员佩戴安全防护用品；由上而下逐层拆除；严禁抛掷模板、杆件等；分类码放。

4. 监理工程师制止项目部施工的理由：现浇钢筋混凝土水池应在满水试验合格后方能进行防水施工。

5. 满水试验前，需要对预埋钢套管临时封堵部位进行压力验算。

水池注水过程中，项目部应关注预埋钢套管（预留孔）、池壁底部施工缝部位、闸门。

除了对水位观测外，还应进行水池沉降量观测。

6. 初读数：注水至设计水深 24h 后；末读数：初读数后间隔不少于 24h 后。

池壁浸湿面积：$(18+16)\times2\times3.5=238m^2$；

池底浸湿面积：$18\times16-11\times0.25\times3=288-8.25=279.75m^2$。

2019年度全国一级建造师执业资格考试

《市政公用工程管理与实务》

真题及解析

学习遇到问题？
扫码在线答疑

2019年度《市政公用工程管理与实务》真题

一、单项选择题（共20题，每题1分。每题的备选项中，只有1个最符合题意）

1. 行车荷载和自然因素对路面结构的影响，随着深度的增加而（　　）。

A. 逐渐增强　　B. 逐渐减弱

C. 保持一致　　D. 不相关

2. 沥青玛琋脂碎石混合料的结构类型属于（　　）结构。

A. 骨架—密实　　B. 悬浮—密实

C. 骨架—空隙　　D. 悬浮—空隙

3. 根据《城镇道路工程施工与质量验收规范》CJJ 1—2008，土方路基压实度检测的方法是（　　）。

A. 环刀法、灌砂法和灌水法　　B. 环刀法、钻芯法和灌水法

C. 环刀法、钻芯法和灌砂法　　D. 灌砂法、钻芯法和灌水法

4. 采用滑模摊铺机摊铺水泥混凝土路面时，如混凝土坍落度较大，应采取（　　）。

A. 高频振动，低速度摊铺　　B. 高频振动，高速度摊铺

C. 低频振动，低速度摊铺　　D. 低频振动，高速度摊铺

5. 下列分项工程中，应进行隐蔽验收的是（　　）工程。

A. 支架搭设　　B. 基坑降水

C. 基础钢筋　　D. 基础模板

6. 人行桥是按（　　）进行分类的。

A. 用途　　B. 跨径

C. 材料　　D. 人行道位置

7. 预制桩的接桩不宜使用的连接方法是（　　）。

A. 焊接　　B. 法兰连接

C. 环氧类结构胶连接　　D. 机械连接

8. 关于装配式预制混凝土梁存放的说法，正确的是（　　）。

A. 预制梁可直接支承在混凝土存放台座上

B. 构件应按其安装的先后顺序编号存放

C. 多层叠放时，各层垫木的位置在竖直线上应错开

D. 预应力混凝土梁存放时间最长为6个月

9. 适用于中砂以上的砂性土和有裂隙的岩石土层的注浆方法是（　　）。

A. 劈裂注浆　　B. 渗透注浆

C. 压密注浆　　D. 电动化学注浆

10. 沿隧道轮廓采取自上而下一次开挖成形，按施工方案一次进尺并及时进行初期支护的方法称为（　　）。

A. 正台阶法　　B. 中洞法

C. 全断面法　　D. 环形开挖预留核心土法

11. 城市污水处理方法与工艺中，属于化学处理法的是（　　）。

A. 混凝法　　B. 生物膜法

C. 活性污泥法　　D. 筛滤截流法

12. 关于沉井施工分节制作工艺的说法，正确的是（　　）。

A. 第一节制作高度必须与刃脚部分齐平

B. 设计无要求时，混凝土强度应达到设计强度等级60%，方可拆除模板

C. 混凝土施工缝应采用凹凸缝并应凿毛清理干净

D. 设计要求分多节制作的沉井，必须全部接高后方可下沉

13. 关于沟槽开挖的说法，正确的是（　　）。

A. 机械开挖时，可以直接挖至槽底高程

B. 槽底土层为杂填土时，应全部挖除

C. 沟槽开挖的坡率与沟槽开挖的深度无关

D. 无论土质如何，槽壁必须垂直平顺

14. 关于泥质防水层质量控制的说法，正确的是（　　）。

A. 含水量最大偏差不宜超过8%

B. 全部采用砂性土压实做填埋层的防渗层

C. 施工企业必须持有道路工程施工的相关资质

D. 振动压路机碾压控制在4~6遍

15. 施工测量是一项琐碎而细致的工作，作业人员应遵循（　　）的原则开展测量工作。

A. “由局部到整体，先细部后控制”

B. “由局部到整体，先控制后细部”

C. “由整体到局部，先控制后细部”

D. “由整体到局部，先细部后控制”

16. 施工组织设计的核心部分是（　　）。

A. 管理体系　　B. 质量、安全保证计划

C. 技术规范及检验标准　　D. 施工方案

17. 在施工现场入口处设置的戴安全帽的标志，属于（　　）。

A. 警告标志　　B. 指令标志

C. 指示标志　　D. 禁止标志

18. 下列混凝土性能中，不适宜用于钢管混凝土拱的是（　　）。

A. 早强　　B. 补偿收缩

C. 缓凝　　D. 干硬性

19. 给水排水混凝土构筑物防渗漏构造配筋设计时，尽可能采用（　　）。

A. 大直径、大间距　　B. 大直径、小间距

C. 小直径、大间距　　D. 小直径、小间距

20. 冬期施工质量控制要求的说法，错误的是（　　）。

A. 粘层、透层、封层严禁冬期施工

B. 水泥混凝土拌合料温度应不高于35℃

C. 水泥混凝土拌合料可加防冻剂、缓凝剂，搅拌时间适当延长

D. 水泥混凝土板弯拉强度低于1MPa或抗压强度低于5MPa时，不得受冻

二、多项选择题（共10题，每题2分。每题的备选项中，有2个或2个以上符合题意，至少有1个错项。错选，本题不得分；少选，所选的每个选项得0.5分）

21. 刚性路面施工时，应在（　　）处设置胀缝。

A. 检查井周围　　B. 纵向施工缝

C. 小半径平曲线　　D. 板厚改变

E. 邻近桥梁

22. 关于填土路基施工要点的说法，正确的有（　　）。

A. 原地面标高低于设计路基标高时，需要填筑土方

B. 土层填筑后，立即采用8t级压路机碾压

C. 填筑前，应妥善处理井穴、树根等

D. 填方高度应按设计标高增加预沉量值

E. 管涵顶面填土300mm以上才能用压路机碾压

23. 石灰稳定土集中拌合时，影响拌合用水量的因素有（　　）。

A. 施工压实设备变化　　B. 施工温度的变化

C. 原材料含水量变化　　D. 集料的颗粒组成变化

E. 运输距离变化

24. 下列质量检验项目中，属于支座施工质量检验主控项目的有（　　）。

A. 支座顶面高程　　B. 支座垫石顶面高程

C. 盖梁顶面高程　　D. 支座与垫石的密贴程度

E. 支座进场检验

25. 关于钢—混凝土结合梁施工技术的说法，正确的有（　　）。

A. 一般由钢梁和钢筋混凝土桥面板两部分组成

B. 在钢梁与钢筋混凝土板之间设传剪器的作用是使二者共同工作

C. 适用于城市大跨径桥梁

D. 桥面混凝土浇筑应分车道分段施工

E. 浇筑混凝土桥面时，横桥向应由两侧向中间合拢

26. 盾构法施工隧道的优点有（　　）。

A. 不影响地面交通　　B. 对附近居民干扰少

C. 适宜于建造覆土较深的隧道　　D. 不受风雨气候影响

E. 对结构断面尺寸多变的区段适应能力较好

27. 下列场站水处理构筑物中，属于给水处理构筑物的有（　　）。

A. 消化池　　B. 集水池

C. 澄清池　　D. 曝气池

E. 清水池

28. 关于供热管道安装前准备工作的说法，正确的有（　　）。

A. 管道安装前，应完成支、吊架的安装及防腐处理

B. 管道的管径、壁厚和材质应符合设计要求，并经验收合格

C. 管件制作和可预组装的部分宜在管道安装前完成

D. 补偿器应在管道安装前先与管道连接

E. 安装前应对中心线和支架高程进行复核

29. 下列基坑工程监控量测项目中，属于一级基坑应测的项目有（　　）。

A. 孔隙水压力　　B. 土压力

C. 坡顶水平位移　　D. 周围建筑物水平位移

E. 地下水位

30. 无机结合料稳定基层的质量检验的主控项目有（　　）。

A. 原材料　　B. 纵断高程

C. 厚度　　D. 横坡

E. 7d 无侧限抗压强度

三、实务操作和案例分析题（共5题，(一)、(二)、(三) 题各20分，(四)、(五) 题各30分）

（一）

背景资料：

甲公司中标某城镇道路工程，设计道路等级为城市主干路，全长560m。横断面形式为三幅路，机动车道为双向六车道。路面面层结构设计采用沥青混凝土，上面层为40mm厚SMA-13，中面层为60mm厚AC-20，下面层为80mm厚AC-25。

施工过程中发生如下事件：

事件1：甲公司将路面工程施工项目分包给具有相应施工资质的乙公司施工。建设单位发现后立即制止了甲公司的行为。

事件2：路基范围内有一处干涸池塘，甲公司将原始地貌杂草清理后，在挖方段取土一次性将池塘填平并碾压成型，监理工程师发现后责令甲公司返工处理。

事件3：甲公司编制的沥青混凝土施工方案包括以下要点：

（1）上面层摊铺分左、右幅施工，每幅摊铺采用一次成型的施工方案，两台摊铺机呈梯队方式推进，并保持摊铺机组前后错开40~50m距离。

（2）上面层碾压时，初压采用振动压路机，复压采用轮胎压路机，终压采用双轮钢筒式压路机。

（3）该工程属于城市主干路，沥青混凝土面层碾压结束后需要快速开放交通，终压完成后拟洒水加快路面的降温速度。

事件4：确定了路面施工质量检验的主控项目及检验方法。

问题：

1. 事件1中，建设单位制止甲公司的分包行为是否正确？说明理由。

2. 指出事件2中的不妥之处，并说明理由。

3. 指出事件3中的错误之处，并改正。

4. 写出事件4中沥青混凝土路面面层施工质量检验的主控项目（原材料除外）及检验方法。

（二）

背景资料：

某公司承建长 1.2km 的城镇道路大修工程，现状路面面层为沥青混凝土。主要施工内容包括：对沥青混凝土路面沉陷、碎裂部位进行处理；局部加铺网孔尺寸 10mm 的玻纤网以减少旧路面对新沥青面层的反射裂缝；对旧沥青混凝土路面铣刨拉毛后加铺 40mm 厚 AC-13 沥青混凝土面层，道路平面如图 1 所示。机动车道下方有一条 *DN*800mm 污水干线，垂直于该干线有一条 *DN*500mm 混凝土污水管支线接入，由于污水支线不能满足排放量要求，拟在原位更新为 *DN*600mm，更换长度 50m，如图 1 中 2 号~2′号井段所示。

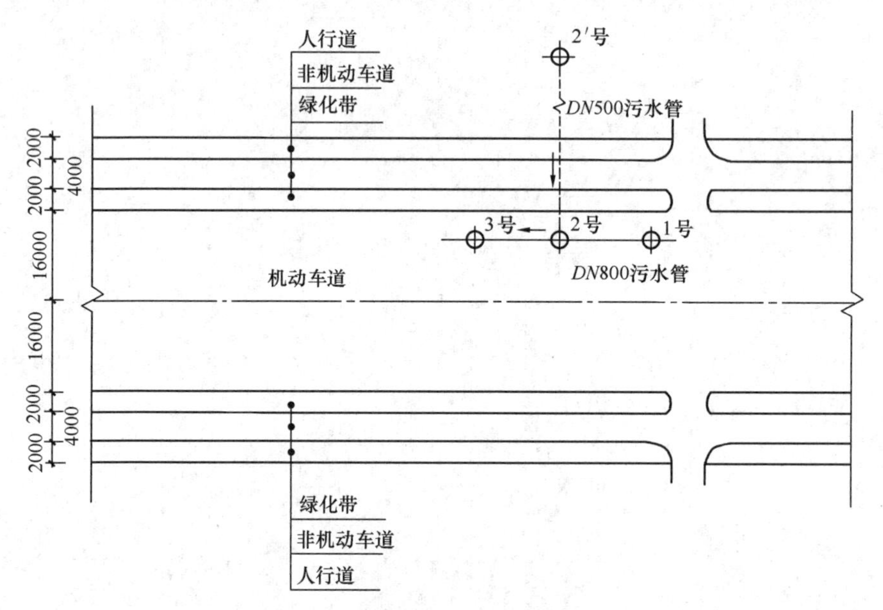

图 1　道路平面示意图（单位：mm）

项目部在处理破损路面时发现挖补深度介于 50~150mm 之间，拟用沥青混凝土一次补平。在采购玻纤网时被告知网孔尺寸 10mm 的玻纤网缺货，拟变更为网孔尺寸 20mm 的玻纤网。

交通部门批准的交通导行方案要求：施工时间为夜间 22：30—次日 5：30，不断路施工。为加快施工速度，保证每日 5：30 前恢复交通，项目部拟提前一天采用机械洒布乳化沥青（用量 0.8L/m^2），为第二天沥青面层摊铺创造条件。

项目部调查发现：2 号~2′号井段管道埋深约 3.5m，该深度土质为砂卵石，下穿既有电信、电力管道（埋深均小于 1m），2′号井处具备工作井施工条件，污水干线夜间水量小且稳定支管接入时不需导水，2 号~2′号井段施工期间上游来水可导入其他污水管。结合现场条件和使用需求，项目部拟从开槽法、内衬法、破管外挤法及定向钻法这 4 种方法中选择一种进行施工。

在对 2 号井内进行扩孔接管作业前，项目部编制了有限空间作业专项施工方案和事故应急预案并经过审批；在作业人员下井前打开上、下游检查井通风，对井内气体进行检测后未发现有毒气体超标；在打开的检查井周边摆放了反光锥桶。完成上述准备工作后，检测人员带着气体检测设备离开了现场，此后两名作业人员俱穿戴防护设备下井施工。由于施工时扰动了井底沉积物，有毒气体逸出，造成作业人员中毒，虽救助及时未造成人员伤亡，但暴露了项目部安全管理的漏洞，监理因此开出停工整顿通知。

问题：

1. 指出项目部破损路面处理的错误之处并改正。

2. 指出项目部玻纤网更换的错误之处并改正。

3. 改正项目部为加快施工速度所采取的措施的错误之处。

4. 四种管道施工方法中哪种方法最适合本工程？分别简述其他三种方法不适合的主要原因。

5. 针对管道施工时发生的事故，补充项目部在安全管理方面应采取的措施。

（三）

背景资料：

某市政企业中标一城市地铁车站项目，该项目地处城郊接合部，场地开阔，建筑物稀少，车站全长200m、宽19.4m、深度16.8m，设计为地下连续墙围护结构，采用钢筋混凝土支撑与钢管支撑，明挖法施工。本工程开挖区域内地层分布为回填土、黏土、粉砂、中粗砂及砾石，地下水位于3.95m处。详见图2。

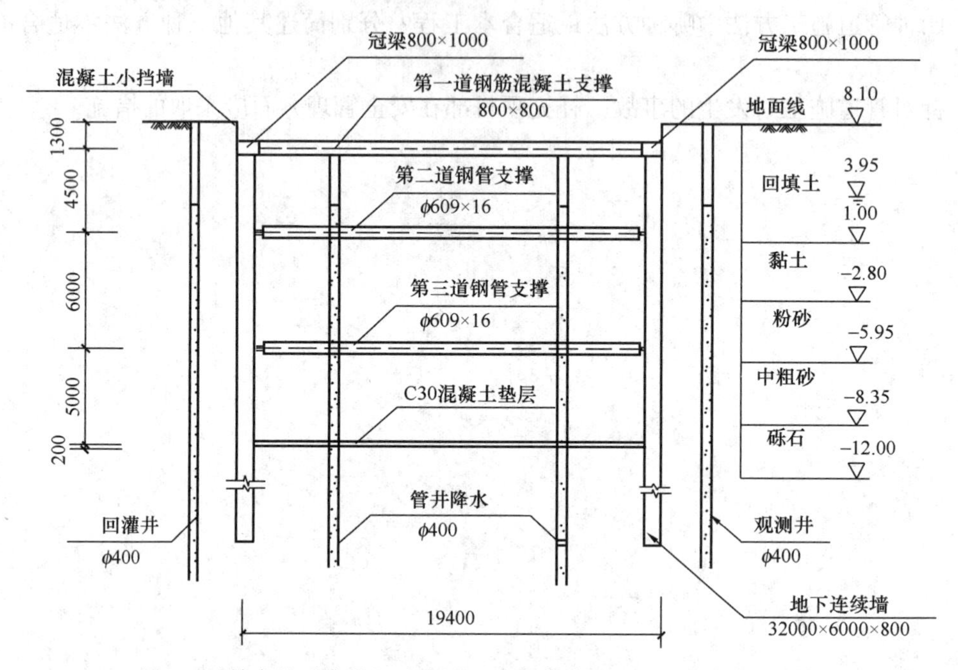

图2　地铁车站明挖施工示意图（高程单位：m；尺寸单位：mm）

项目部依据设计要求和工程地质资料编制了施工组织设计。施工组织设计明确以下内容：

（1）工程全长范围内均采用地下连续墙围护结构，连续墙顶部设有800mm×1000mm的冠梁；钢筋混凝土支撑与钢管支撑的间距为：垂直间距4~6m，水平间距为8m。主体结构采用分段跳仓施工，分段长度为20m。

（2）施工工序为：围护结构施工→降水→第一层土方开挖（挖至冠梁底面标高）→A→第二层土方开挖→设置第二道支撑→第三层土方开挖→设置第三道支撑→最底层开挖→B→拆除第三道支撑→C→负二层中板、中板梁施工→拆除第二道支撑→负一层侧墙、中柱施工→侧墙顶板施工→D。

（3）项目部对支撑作业做了详细的布置：围护结构第一道采用钢筋混凝土支撑，第二、三道采用（ϕ609×16）mm的钢管支撑，钢管支撑一端为活络头，采用千斤顶在该侧施加预应力，预应力加设前后的12h内应加密监测频率。

（4）后浇带设置在主体结构中间部位，宽度为2m，当两侧混凝土强度达到100%设计值时，开始浇筑。

（5）为防止围护结构变形，项目部制定了开挖和支护的具体措施：

1）开挖范围及开挖、支撑顺序均应与围护结构设计工况相一致。

2）挖土要严格按照施工方案规定进行。

3）软土基坑必须分层均衡开挖。

4）支护与挖土要密切配合，严禁超挖。

问题：

1. 根据背景资料本工程围护结构还可以采用哪些方式？
2. 写出施工工序中代号 A、B、C、D 对应的工序名称。
3. 钢管支撑施加预应力前后，预应力损失如何处理？
4. 后浇带施工应有哪些技术要求？
5. 补充完善开挖和支护的具体措施。

（四）

背景资料：

某公司承建一座城市快速路跨河桥梁，该桥由主桥、南引桥和北引桥组成，分东、西双幅分离式结构，主桥中跨下为通航航道，施工期间航道不中断。主桥的上部结构采用三跨式预应力混凝土连续刚构，跨径组合为75m+120m+75m；南、北引桥的上部结构均采用等截面预应力混凝土连续箱梁，跨径组合为（30m×3）×5；下部结构墩柱基础采用混凝土钻孔灌注桩，重力式U形桥台；桥面系护栏采用钢筋混凝土防撞护栏；桥宽35m，横断面布置采用0.5m（护栏）+15m（车行道）+0.5m（护栏）+3m（中分带）+0.5m（护栏）+15m（车行道）+0.5m（护栏）；河床地质自上而下为3m厚淤泥质黏土层、5m厚砂土层、2m厚砂层、6m厚卵砾石层等；河道最高水位（含浪高）高程为19.5m，水流流速为1.8m/s。桥梁立面布置如图3所示。

项目部编制的施工方案有如下内容：

（1）根据主桥结构特点及河道通航要求，拟定主桥上部结构的施工方案。为满足施工进度计划要求，施工时将主桥上部结构划分成⓪、①、②、③等施工区段，其中，施工区段⓪的长度为14m，施工区段①每段施工长度为4m，采用同步对称施工原则组织施工，主桥上部结构施工区段划分如图3所示。

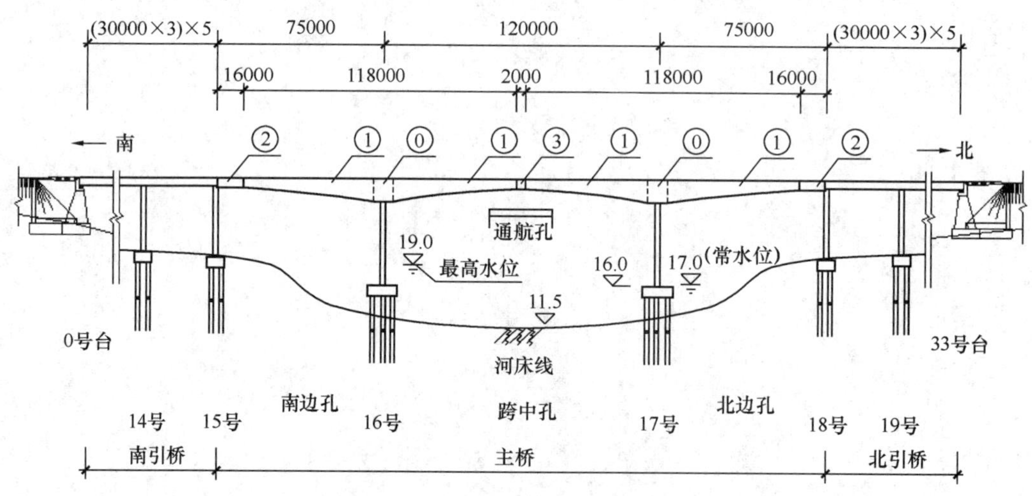

图3　桥梁立面布置及主桥上部结构施工区段划分示意图

（高程单位：m；尺寸单位：mm）

（2）由于河道有通航要求，在通航孔施工期间采取安全防护措施，确保通航安全。

（3）根据桥位地质、水文、环境保护、通航要求等情况，拟定主桥水中承台的围堰施工方案，并确定了围堰的顶面高程。

（4）防撞护栏施工进度计划安排，拟组织两个施工班组同步开展施工，每个施工班组投入1套钢模板，每套钢模板长91m，每套钢模板的施工周转效率为3d。施工时，钢模板两端各0.5m作为导向模板使用。

问题：

1. 列式计算该桥多孔跨径总长；根据计算结果指出该桥所属的桥梁分类。

2. 施工方案（1）中，分别写出主桥上部结构连续刚构及施工区段②最适宜的施工方法；列式计算主桥16号墩上部结构的施工次数（施工区段③除外）。

3. 结合图3及施工方案（1），指出主桥“南边孔、跨中孔、北边孔”先后合拢的顺序（用“南边孔、跨中孔、北边孔”及箭头“→”作答；当同时施工时，请将相应名称并列排列）；指出施工区段③的施工时间应选择一天中的什么时候进行？

4. 施工方案（2）中，在通航孔施工期间应采取哪些安全防护措施？

5. 施工方案（3）中，指出主桥第16、17号墩承台施工最适宜的围堰类型；围堰顶高程至少应为多少米？

6. 依据施工方案（4），列式计算防撞护栏的施工时间（忽略伸缩缝位置对护栏占用的影响）。

（五）

背景资料：

某项目部承接一项顶管工程，其中 *DN*1350mm 管道为东西走向，长度 90m；*DN*1050mm 管道为偏东南方向走向，长度 80m。设计要求始发工作井 y 采用沉井法施工，接收井 A、C 为其他标段施工（如图 4 所示），项目部按程序和要求完成了各项准备工作。

开工前，项目部测量员带一测量小组按建设单位给定的测量资料进行高程点与 y 井中心坐标的布设，布设完毕后随即将成果交予施工员组织施工。

按批准的进度计划先集中力量完成 y 井的施工作业，按沉井预制工艺流程，在已测定的圆周中心线上按要求铺设粗砂与 D，采用定型钢模进行刃脚混凝土浇筑，然后按顺序先设置 E 与 F，安装绑扎钢筋，再设置内、外模，最后进行井壁混凝土浇筑。

下沉前，需要降低地下水（已预先布置了喷射井点），采用机械取土；为防止 y 井下沉困难，项目部预先制定了下沉辅助措施。

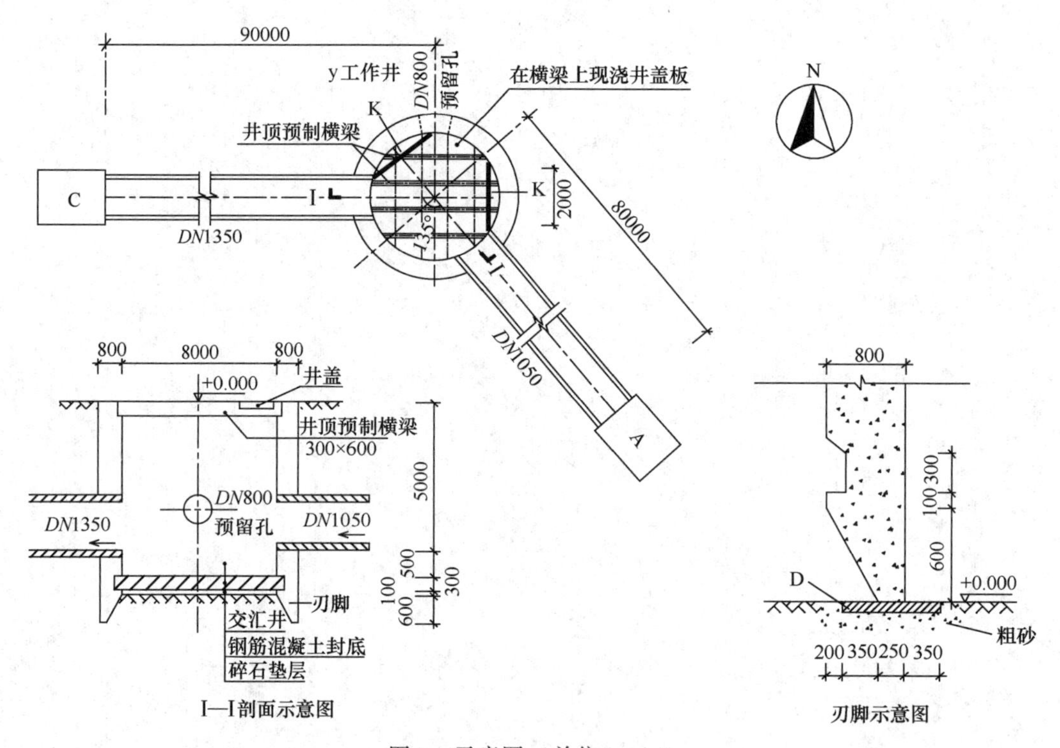

图 4　示意图（单位：mm）

y 井下沉到位，经检验合格后，顶管作业队进场按施工工艺流程安装设备：K→千斤顶就位→观测仪器安放→铺设导轨→顶铁就位。为确保首节管节能顺利出洞，项目部按预先制定的方案在 y 井出洞口进行土体加固；加固方法采用高压旋喷注浆，深度 6m（地质资料显示为淤泥质黏土）。

问题：

1. 按测量要求，该小组如何分工？测量员将测量成果交予施工员的做法是否正确，应该怎么做？

2. 按沉井预制工艺流程写出D、E、F的名称；本项目对刃脚是否要加固，为什么？

3. 降低地下水的高程至少为多少米（列式计算）？有哪些机械可以取土？下沉辅助措施有哪些？

4. 写出K的名称，应该布置在何处？按顶管施工的工艺流程，管节启动后、出洞前应检查哪些部位？

5. 加固出洞口的土体用哪种浆液，有何作用？注意顶进轴线的控制，做到随偏随纠，通常纠偏有哪几种方法？

2019年度真题参考答案及解析

一、单项选择题

1. B；	2. A；	3. A；	4. D；	5. C；
6. A；	7. C；	8. B；	9. B；	10. C；
11. A；	12. C；	13. B；	14. D；	15. C；
16. D；	17. B；	18. D；	19. D；	20. C。

【解析】

1. B。本题考核的是沥青路面结构组成基本原则。行车载荷和自然因素对路面的影响随深度的增加而逐渐减弱，因而对路面材料的强度、刚度和稳定性的要求也随深度的增加而逐渐降低。

2. A。本题考核的是沥青混合料的结构类型。骨架—密实结构是较多数量的断级配粗集料形成空间骨架，发挥嵌挤锁结作用，同时由适当数量的细集料和沥青填充骨架间的空隙形成既嵌紧又密实的结构。沥青玛琋脂碎石混合料是这种结构典型代表。

3. A。本题考核的是土方路基压实度检测方法。土方路基压实度检测方法包括环刀法、灌砂法、灌水法。

4. D。本题考核的是水泥混凝土路面的摊铺与振动。水泥混凝土路面采用滑模摊铺机摊铺时，对于混凝土坍落度大的，应低频振动，高速度摊铺。

5. C。本题考核的是隐蔽工程验收。钢筋安装质量检验应在混凝土浇筑之前对安装完毕的钢筋进行隐蔽验收，由此可判断出对于基础钢筋工程应进行隐蔽验收。

6. A。本题考核的是桥梁的分类。桥梁按用途可分为公路桥、铁路桥、公铁两用桥、农用桥、人行桥、运水桥（渡槽）及其他专用桥梁。

7. C。本题考核的是预制桩接桩的连接方法。预制桩的接桩可采用焊接、法兰连接或机械连接，接桩材料工艺应符合规范要求。

8. B。本题考核的是装配式预制混凝土梁的存放。（1）梁、板构件存放时，其支点应符合设计规定的位置，支点处应采用垫木和其他适宜的材料支承，不得将构件直接支承在坚硬的存放台座上，因此A选项错误。（2）当构件多层叠放时，层与层之间应以垫木隔开，各层垫木的位置应设在设计规定的支点处，上下层垫木应在同一条竖直线上，因此C选项错误。（3）D选项错在“6个月”正确应为5个月。

9. B。本题考核的是不同注浆法的适用范围。在地基处理中，注浆工艺所依据的理论主要可分为渗透注浆、劈裂注浆、压密注浆和电动化学注浆四类。其中，渗透注浆只适用于中砂以上的砂性土和有裂隙的岩石。

10. C。本题考核的是全断面开挖法的特点。全断面开挖法采取自上而下一次开挖成型，沿着轮廓开挖，按施工方案一次进尺并及时进行初期支护。

11. A。本题考核的是污水处理方法。污水处理方法可根据水质类型分为物理处理法、生物处理法、污水处理产生的污泥处置及化学处理法。化学处理法涉及城市污水处理中的混凝法，类同于城市给水处理。

12. C。本题考核的是沉井预制。（1）第一节制作高度必须高于刃脚部分，因此A选项错误。（2）B选项错在“60%”，正确应为75%。（3）对于分节制作、分次下沉的沉井，前次下沉后可进行后续接高施工，因此D选项错误。

13. B。本题考核的是沟槽开挖的相关规定。（1）机械开挖时槽底应预留200~300mm土层，由人工开挖至设计高程整平，故A选项错误。（2）沟槽开挖的坡率与沟槽开挖的深度、土质、荷载有关，故C选项错误。（3）D选项的表述过于绝对了，因此也不选。

14. D。本题考核的是泥质防水层施工质量技术控制要点。（1）A选项错在“8%”，正确应为2%。（2）砂性土属于透水性材料不宜用作防渗层，故B选项错误。（3）施工企业并不是必须持有道路工程施工的相关资质，故C选项错误。

15. C。本题考核的是施工测量的原则。施工测量是一项琐碎而细致的工作，作业人员应遵循“由整体到局部，先控制后细部”的原则。

16. D。本题考核的是施工组织设计的主要内容。在施工组织设计的内容中，施工方案是其核心部分。

17. B。本题考核的是安全警示标志的类型。安全警示标志的类型、数量应当根据危险部位的性质不同，设置不同的安全警示标志：在爆破物及有害危险气体和液体存放处设置禁止烟火、禁止吸烟等禁止标志；在施工机具旁设置当心触电、当心伤手等警告标志；在施工现场入口处设置必须戴安全帽等指令标志；在通道口处设置安全通道等指示标志；在施工现场的沟、坎、深基坑等处，夜间要设红灯示警。

18. D。本题考核的是钢管混凝土施工质量控制基本规定。城市桥梁施工中常见的钢管混凝土结构有钢管柱和钢管拱。根据钢管混凝土施工质量控制的基本规定，钢管混凝土应具有低泡、大流动性、收缩补偿、延缓初凝和早强的性能。

19. D。本题考核的是给水排水混凝土构筑物设计应考虑的主要措施。给水排水混凝土构筑物应尽可能采用小直径、小间距的构造配筋。

20. C。本题考核的是冬期施工质量控制要求。C选项的正确表述为：水泥混凝土拌合料可加防冻剂、早强剂，搅拌时间适当延长。

二、多项选择题

21. C、D、E； 22. A、C、D； 23. B、C、D、E；
24. B、D、E； 25. A、B、C； 26. A、B、C、D；
27. B、C、E； 28. A、B、C、E； 29. C、E；
30. A、E。

【解析】

21. C、D、E。本题考核的是刚性路面的面层施工。面层横向接缝可分为横向缩缝、胀缝和横向施工缝，其中的胀缝应设置在邻近桥梁或其他固定构筑物处、板厚改变处、小半径平曲线等处。

22. A、C、D。本题考核的是填土路基施工要点。（1）土层填筑后，应检查铺筑土层的宽度、厚度及含水量，合格后才可碾压，因此B选项错误。（2）E选项错在“300mm”，正确应为500mm。

23. B、C、D、E。本题考核的是石灰稳定土基层的材料与拌合。石灰稳定土集中拌合时，应根据原材料含水量变化、集料的颗粒组成变化、施工温度的变化、运输距离及时调整拌合用水量。

24. B、D、E。本题考核的是支座施工质量检验主控项目。支座施工质量检验主控项目包括：（1）支座应进行进场检验。（2）支座安装前，应检查跨距、支座栓孔位置和支座垫石顶面高程、平整度、坡度、坡向，确认符合设计要求。（3）支座与梁底及垫石之间必须密贴，间隙不得大于0.3mm。垫石材料和强度应符合设计要求。（4）支座锚栓的埋置深度和外露长度应符合设计要求。（5）支座的粘结灌浆和润滑材料应符合设计要求。

25. A、B、C。本题考核的是钢—混凝土结合梁施工技术。（1）D选项的正确表述为：桥面混凝土浇筑应全断面连续浇筑。（2）E选项的正确表述为：浇筑混凝土桥面时，横桥向应先由中间开始向两侧扩展。

26. A、B、C、D。本题考核的是盾构法施工隧道的优点。盾构法对于结构断面尺寸多变的区段适应能力较差。

27. B、C、E。本题考核的是给水排水场站构筑物组成。给水处理构筑物包括：调节池、调流阀井、格栅间及药剂间、集水池、取水泵房、混凝沉淀池、澄清池、配水井、混合井、预臭氧接触池、主臭氧接触池、滤池及反冲洗设备间、紫外消毒间、膜处理车间、清水池、调蓄清水池、配水泵站等。

28. A、B、C、E。本题考核的是供热管道安装前的准备工作。管道安装前的准备工作包括：（1）管道安装前，应完成支、吊架的安装及防腐处理。支架的制作质量应符合设计和使用要求，支、吊架的位置应准确、平整、牢固，标高和坡度符合设计规定。管件制作和可预组装的部分宜在管道安装前完成，并经检验合格。（2）管道的管径、壁厚和材质应符合设计要求，并经验收合格。（3）对钢管和管件进行除污，对有防腐要求的宜在安装前进行防腐处理。（4）安装前对中心线和支架高程进行复核。

29. C、E。本题考核的是基坑工程监控量测项目。在一级基坑工程监控量测项目中，坡顶水平位移、地下水位属于应测项目；孔隙水压力、土压力、周围建筑物水平位移均属于宜测项目。

（注：从2021年版起考试用书1K417022条对于基坑工程监测项目表的说法有微调，请读者注意）。

30. A、E。本题考核的是无机结合料稳定基层施工质量检验的主控项目。石灰稳定土、水泥稳定土、石灰粉煤灰稳定砂砾等无机结合料稳定基层质量检验项目主要有：集料级配，混合料配合比、含水量、拌合均匀性，基层压实度、7d无侧限抗压强度等。

三、实务操作和案例分析题

（一）

1. 建设单位制止甲公司的分包行为正确。

原因：甲公司违反了《中华人民共和国建筑法》中有关“主体结构的施工必须由总承包单位自行完成”的规定，属于违法分包。

2. 事件2中的不妥之处及理由：

（1）首先对池塘进行勘察，视池塘淤泥层厚、边坡等情况确定处理方法。

（2）制定合理的处理方案，并报驻地监理，待监理批准后方可施工。

（3）未遵守《城镇道路工程施工与质量验收规范》CJJ 1—2008 关于填土路基施工的规定。

3. 错误之处一：摊铺机组前后错开 40~50m 距离，错开距离过大；

正确做法：多台摊铺机前后错开 10~20m 呈梯队方式同步摊铺。

错误之处二：SMA 混合料复压采用轮胎压路机（采用轮胎压路机进行复压易产生波浪和混合料离析）；

正确做法：SMA 混合料复压应采用振动压路机。

错误之处三：终压完成后拟洒水加快路面的降温速度；

正确做法：需要自然降温至 50℃后方可开放交通。

4. 主控项目一：压实度，其检验方法是查试验记录。

主控项目二：面层厚度，其检验方法是钻孔取芯。

主控项目三：弯沉值，其检验方法是弯沉仪检测。

（二）

1. 项目部破损路面处理的错误之处：用沥青混凝土一次补平大于 100mm 太厚；

改正措施：应分层摊铺，每层最大厚度不宜超过 100mm。

2. 项目部玻纤网更换的错误之处：玻纤网网孔尺寸 20mm 过大；

改正措施：玻纤网网孔尺寸宜为上层沥青材料最大粒径的 0.5~1.0 倍。

3. 针对错误之处的改正措施：

（1）乳化沥青用量应满足规范所规定的 0.3~0.6L/m^2 的要求；

（2）粘层油应在摊铺沥青面层当天洒布。

4. 四种管道施工方法中最适合本工程的是破管外挤法。

其他三种方法不适合的主要原因：

（1）开槽法：施工对交通影响大；

（2）内衬法：施工不能扩大管径；

（3）定向钻法：不能扩大管径且不适用砂卵石。

5. 项目部在安全管理方面应采取的措施有：

（1）对作业人员进行专项培训和安全技术交底；

（2）井下作业时，不能中断气体检测工作；

（3）安排具备有限空间作业监护资格的人在现场监护；

（4）按交通方案设置反光锥桶、安全标志、警示灯，设专人维护交通秩序。

（三）

1. 本工程围护结构还可以采用的方式有：钻孔灌注桩；SMW 工法桩；工字钢桩。

2. 施工工序中代号 A、B、C、D 对应的工序名称：

A——设置第一层钢筋混凝土支撑；

B——底板、部分侧墙施工；

C——负二层侧墙、中柱施工；

D——回填。

3. 钢管支撑施加预应力前，对于预应力损失的处理方法：考虑到操作时的应力损失，施加的应力值应较设计轴力增加10%。

钢管支撑施加预应力后，对于预应力损失的处理方法：发现预应力损失时应复加预应力至设计值。

4. 后浇带施工技术要求包括：

（1）对已浇筑部位凿毛处理；

（2）钢筋连接及接头处置；

（3）提高混凝土等级；

（4）增加微膨胀剂；

（5）增加养护时间。

5. 基坑开挖和支护的具体措施还包括：

（1）基坑发生异常情况时应立即停止挖土，并应立即查清原因，且采取措施，正常后方能继续挖土。

（2）基坑开挖过程中，必须采取措施，防止碰撞支撑、围护结构或扰动基底原状土。

（四）

1. 该桥多孔跨径总长：(30×3)×5×2+75+120+75=1170m，该桥属于特大桥。

2. 主桥上部结构连续刚构最适宜的施工方法是悬臂法、施工区段②最适宜的施工方法是支架法。

主桥16号墩上部结构施工区段的施工次数：

单幅：(118-14)/4/2（悬臂施工）+1(⓪施工)+1(②施工)=13+2=15次；

双幅：15×2=30次。

3. 主桥“南边孔、跨中孔、北边孔”先后合拢的顺序：南边孔、北边孔→跨中孔。

施工区段③的施工时间应选择在一天中气温最低的时候进行。

4. 在通航孔施工期间应采取的安全防护措施有：

（1）通航孔的两边应加设护桩、防撞设施、安全警示标志、反光标志、夜间警示灯；

（2）挂篮作业平台上必须铺满脚手板，平台下应设置水平安全网。

5. 主桥第16、17号墩承台施工最适宜的围堰类型是钢套箱（筒）围堰（双壁钢围堰）。

围堰顶高程至少应为20~20.2m。

6. 防撞护栏的施工时间为：(75+120+75+2×15×30)×2×2/[(91-0.5×2)/3×2]=78d。

（五）

1. 按测量要求，该小组的分工：观测、扶尺、辅助。

测量员将测量成果交予施工员的做法不正确，应该复核并由监理审核批准。

2. 按照沉井预制工艺流程：D——承垫木；E——内支架；F——外支架。

本项目对于刃脚不需要加固。原因：沉井下沉位置的地质为淤泥质黏土非坚硬土层。

3. 降低地下水的高程：0.000-5.000-0.5-0.3-0.1-0.6-0.5=-7.000m。

取土机械有：皮带运输机、升降机、长臂挖掘机、抓斗等。

沉井辅助措施有：压重、灌砂、触变泥浆套。

4. K——后背制作，应布置在千斤顶后面。

管节启动后出洞前应检查：千斤顶后背、顶进设备、轴线、高程。

5. 加固出洞口的土体应采用水泥浆。作用：防止首节管节在出洞时发生低头。

纠偏方法：顶进中，管位纠偏方法有超挖校正、顶木校正、千斤顶校正、衬垫校正。

《市政公用工程管理与实务》
考前冲刺试卷（一）及解析

《市政公用工程管理与实务》考前冲刺试卷（一）

一、单项选择题（共20题，每题1分。每题的备选项中，只有1个最符合题意）

1. 在行车荷载作用下产生板体作用，抗弯拉强度大，弯沉变形很小的路面是（　　）路面。

A. 沥青混合料　　B. 次高级

C. 水泥混凝土　　D. 天然石材

2. 下列沥青混凝土面层中，降噪效果最好的是（　　）。

A. AC-13　　B. AC-20

C. SMA　　D. OGFC

3. 下列工程项目中，不属于城镇道路路基工程的项目是（　　）。

A. 涵洞　　B. 挡土墙

C. 路肩　　D. 水泥稳定土基层

4. 桥面与低水位之间的高差，或桥面与桥下线路路面之间的距离称为（　　）。

A. 桥梁全长　　B. 桥梁高度

C. 总跨径　　D. 计算矢高

5. 下列基坑围护结构中，主要结构材料可以回收反复使用的是（　　）。

A. 地下连续墙　　B. 灌注桩

C. 水泥挡土墙　　D. 组合式SMW桩

6. 下列盾构类型中，属于密闭式盾构的是（　　）。

A. 泥土加压式盾构　　B. 手掘式盾构

C. 半机械挖掘式盾构　　D. 机械挖掘式盾构

7. 关于箱涵顶进的说法，正确的是（　　）。

A. 箱涵主体结构混凝土强度必须达到设计强度的75%

B. 当顶力达到0.9倍结构自重时箱涵未启动，应立即停止顶进

C. 箱涵顶进必须避开雨期

D. 顶进过程中，每天应定时观测箱涵底板上设置观测标钉的高程

8. 给水排水场站中，通常采用无粘结预应力筋、曲面异型大模板的构筑物是（　　）。

A. 矩形水池　　B. 圆形蓄水池

C. 圆柱形消化池　　D. 卵形消化池

9. 沉井下沉过程中，不可用于减少摩阻力的措施是（　　）。

A. 排水下沉　　B. 空气幕助沉

C. 在井外壁与土体间灌入黄砂　　D. 触变泥浆套助沉

10. 关于排水管道闭水试验的条件中，说法错误的是（　　）。

A. 管道及检查井外观质量已验收合格　　B. 管道与检查井接口处已回填

C. 全部预留口已封堵，不渗漏　　D. 管道两端堵板承载力满足要求

11. 下列供热管道的补偿器中，属于自然补偿方式的是（　　）。

A. 波形补偿器　　B. Z 形补偿器

C. 方形补偿器　　D. 填充式补偿器

12. 大城市输配管网系统外环网的燃气管道压力一般为（　　）。

A. 高压 A　　B. 高压 B

C. 中压 A　　D. 中压 B

13. 下列材料中，不属于垃圾填埋场单层防渗系统的是（　　）。

A. 砂石层　　B. 土工布

C. HDPE 膜　　D. GCL 垫

14. 下列施工测量仪器中，（　　）现场施工多用来测量构筑物标高和高程，适用于施工控制测量的控制网水准基准点的测设。

A. 全站仪　　B. 准直仪

C. 光学水准仪　　D. GPS

15. 最常用的投标技巧是（　　）。

A. 多方案报价法　　B. 突然降价法

C. 不平衡报价法　　D. 先亏后盈法

16. 在施工机具旁设置当心触电、当心伤手等标志，属于（　　）。

A. 警告标志　　B. 指令标志

C. 指示标志　　D. 禁止标志

17. 下列雨期道路工程施工质量保证措施中，属于面层施工要求的是（　　）。

A. 当天挖完、压完，不留后患

B. 拌多少、铺多少、压多少、完成多少

C. 应按 2%~3% 的横坡整平压实，以防积水

D. 及时摊铺、及时完成碾压

18. 适用于检测沥青路面压实度的方法是（　　）。

A. 环刀法　　B. 钻芯法

C. 灌砂法　　D. 灌水法

19. 裂缝对混凝土结构的危害性由大到小的排列顺序是（　　）。

A. 贯穿裂缝、深层裂缝、表面裂缝　　B. 深层裂缝、表面裂缝、贯穿裂缝

C. 贯穿裂缝、表面裂缝、深层裂缝　　D. 深层裂缝、贯穿裂缝、表面裂缝

20. 关于给水排水柔性管道沟槽回填质量控制的说法，错误的是（　　）。

A. 管内径大于 800mm 的柔性管道，回填施工中在管内设竖向支撑

B. 管基有效支承角范围内用中粗砂填充密实

C. 沟槽回填从管底基础部位开始到管顶以上 500mm 范围内，必须采用机械回填

D. 管顶 500mm 以上部位，可用机械从管道轴线两侧同时夯实

二、多项选择题（共 10 题，每题 2 分。每题的备选项中，有 2 个或 2 个以上符合题意，至少有 1 个错项。错选，本题不得分；少选，所选的每个选项得 0.5 分）

21. 下列城市道路基层中，属于柔性基层的有（　　）。

A. 级配碎石基层　　B. 级配砂砾基层

C. 沥青碎石基层　　D. 水泥稳定碎石基层

E. 石灰粉煤灰稳定砂砾基层

22. 土工合成材料可设置于岩土或其他工程结构内部、表面或各结构层之间，具有（　　）等功能。

A. 加筋　　B. 防护

C. 过滤　　D. 排水

E. 抗冻

23. 下列对钢绞线进场的检验要求，正确的有（　　）。

A. 检查质量证明书和包装　　B. 每批重量不大于 65t

C. 每批大于 3 盘则任取 3 盘　　D. 每批少于 3 盘应全数检验

E. 检验有一项不合格则该批钢绞线报废

24. 在移动模架上浇筑预应力混凝土连续梁，箱梁内、外模板在滑动就位时，模板的（　　）误差必须在容许范围内。

A. 预拱度　　B. 平面尺寸

C. 高程　　D. 变形

E. 挠度

25. 明挖基坑轻型井点降水的布置应根据基坑的（　　）来确定。

A. 工程性质　　B. 地质和水文条件

C. 土方设备施工效率　　D. 降水深度

E. 平面形状大小

26. 饮用水的深度处理技术包括（　　）。

A. 活性炭吸附法　　B. 臭氧活性炭法

C. 氯气预氧化法　　D. 光催化氧化法

E. 高锰酸钾氧化法

27. 无盖混凝土水池满水试验程序中应有（　　）。

A. 水位观测　　B. 水温测定

C. 蒸发量测定　　D. 水质检验

E. 整理试验结论

28. 适用管径 800mm 的不开槽施工方法有（　　）。

A. 盾构法　　B. 定向钻法

C. 密闭式顶管法　　D. 夯管法

E. 浅埋暗挖法

29. 市政工程施工组织设计的编制依据应包括的主要内容有（　　）。

A. 与工程有关的资源供应情况　　B. 国家现行标准和技术经济指标

C. 工程施工合同文件　　　　　　　　　　D. 工程设计文件

E. 环境影响分析报告

30. 根据《住房城乡建设部办公厅关于实施〈危险性较大的分部分项工程安全管理规定〉有关问题的通知》（建办质〔2018〕31号），下列分部分项工程中，需要专家论证的有（　　）。

A. 5m深的基坑工程　　　　　　　　　　B. 滑模模板工程

C. 采用顶管法施工的隧道工程　　　　　D. 12m深的人工挖孔桩工程

E. 采用常规设备起吊250kN的起重设备安装工程

三、实务操作和案例分析题（共5题，（一）、（二）、（三）题各20分，（四）、（五）题各30分）

（一）

背景资料：

某项目部承建一项新建城镇道路工程，指令工期100d。开工前，项目经理召开动员会，对项目部全体成员进行工程交底，参会人员包括"十大员"，即：施工员、测量员、A、B、资料员、预算员、材料员、试验员、机械员、标准员。

道路工程施工在雨水管道主管铺设、检查井砌筑完成、沟槽回填土的压实度合格后进行。项目部将道路车行道施工分成四个施工段和三个主要施工过程（包括路基挖填、路面基层、路面面层），每个施工段、施工过程的作业天数如表1所示。工程部按流水作业计划编制的横道图如图1所示，并组织施工，路面基层采用二灰混合料，常温下养护7d。

在路面基层施工完成后，必须进行的工序还有C、D，然后才能进行路面面层施工。

表1　施工段、施工过程及作业天数计划表

施工过程	各施工段作业天数(d)			
	①	②	③	④
路基挖填	10	10	10	10
路面基层	20	20	20	20
路面面层	5	5	5	5

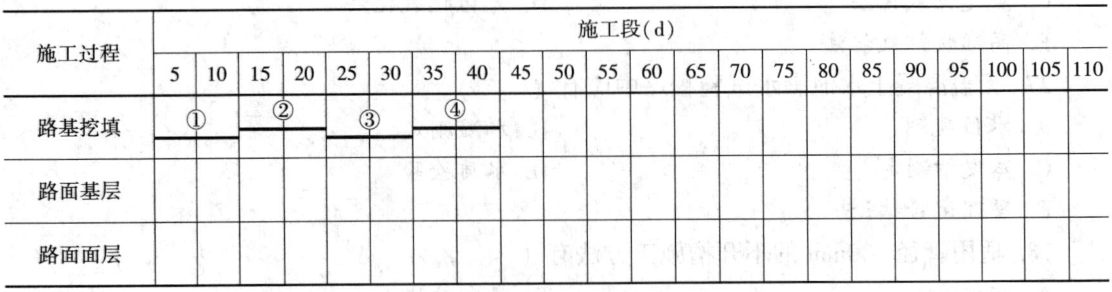

施工过程	施工段(d)																					
	5	10	15	20	25	30	35	40	45	50	55	60	65	70	75	80	85	90	95	100	105	110
路基挖填		①		②		③		④														
路面基层																						
路面面层																						

图1　新建城镇道路施工进度计划横道图

问题：

1. 写出"十大员"中A、B。

2. 按表 1、图 1 所示，补画路面基层与路面面层的横道图线。确定路基挖填与路面基层之间及路面基层与路面面层之间的流水步距。

3. 该项目计划工期为多少天？是否满足指令工期。

4. 如何对二灰混合料基层进行养护？

5. 写出主要施工工序 C、D 的名称。

（二）

背景资料：

某公司承建一污水处理厂扩建工程，新建 AAO 生物反应池等污水处理设施，采用综合箱体结构形式，基础埋深为 5.5~9.7m，采用明挖法施工，基坑围护结构采用 ϕ800mm 钢筋混凝土灌注桩，止水帷幕采用 ϕ600mm 高压旋喷桩。基坑围护结构与箱体结构位置立面如图 2 所示。

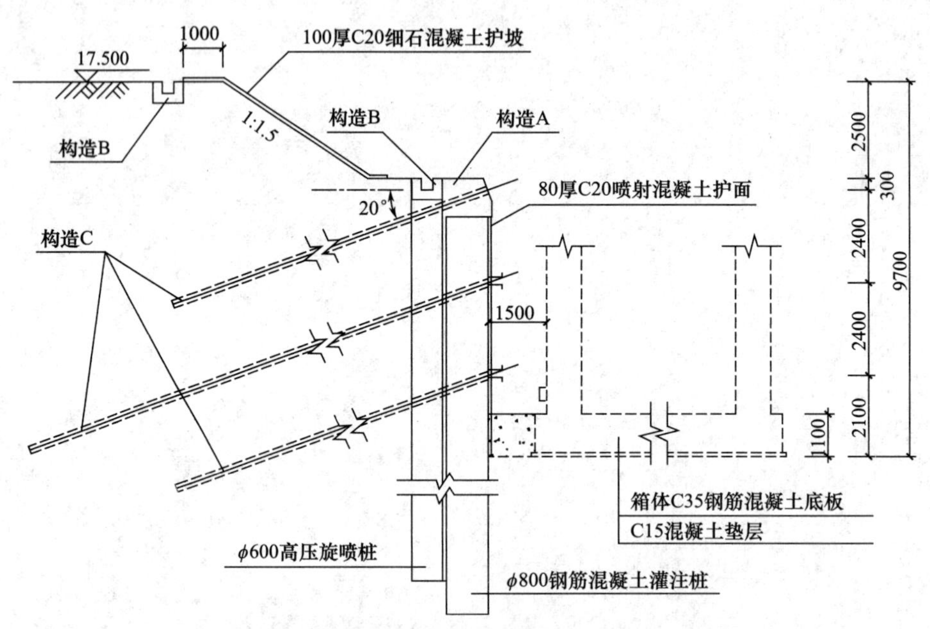

图 2　基坑围护结构与箱体结构位置立面示意图

（高程单位：m；尺寸单位：mm）

施工合同专用条款约定如下：主要材料市场价格浮动在基准价格±5%以内（含）不予调整，超过±5%时对超出部分按月进行调整；主要材料价格以当地造价行政主管部门发布的信息价格为准。

施工过程中发生如下事件：

事件 1：施工期间，建设单位委托具有相应资质的监测单位对基坑施工进行第三方监测，并及时向监理等参建单位提交监测成果。当开挖至坑底高程时，监测结果显示：局部地表沉降测点数据变化超过规定值。项目部及时启动稳定坑底应急措施。

事件 2：项目部根据当地造价行政主管部门发布的 3 月份材料信息价格和当月部分工程材料用量，申报当月材料价格调整差价。3 月份部分工程材料用量及材料信息价格见表 2。

表 2　3 月份部分工程材料用量及材料信息价格表

材料名称	单位	工程材料用量	基准价格（元）	材料信息价格（元）
钢材	t	1000	4600	4200
商品混凝土	m^3	5000	500	580
木材	m^3	1200	1590	1630

事件3：为加快施工进度，项目部增加劳务人员。施工过程中，一名新进场的模板工发生高处坠亡事故。当地安全生产行政主管部门的事故调查结果显示：这名模板工上岗前未进行安全培训，违反作业操作规程；被认定为安全责任事故。根据相关法规，对有关单位和个人作出处罚决定。

问题：

1. 写出图2中构造A、B、C的名称。
2. 事件1中，项目部可采用哪些应急措施？
3. 事件1中，第三方监测单位应提交哪些成果？
4. 事件2中，列式计算表2中工程材料价格调整总额。
5. 依据有关法规，写出安全事故划分等级及事件3中安全事故等级。

（三）

背景资料：

某项目部承建的圆形钢筋混凝土泵池，内径10m，刃脚高2.7m，井壁总高11.45m，井壁厚0.65m，均采用C30、P6抗渗混凝土，采用2次接高1次下沉的不排水沉井法施工。

井位处工程地质由地表往下分别为填土厚2.0m、粉土厚2.5m、粉砂厚4.5m、粉砂夹粉土厚8.0m，地下水位稳定在地表下2.5m处。水池外缘北侧18m和12m处分别存在既有*D*1000mm自来水管和*D*600mm的污水管线，水池外缘南侧8m处现有二层食堂。

工程施工过程中发生了如下事件：

事件1：开工前，项目部依据工程地质土层的力学性质决定以粉砂层作为沉井起沉点，即在地表以下4.5m处，作为制作沉井的基础。确定了基坑范围和选定了基坑支护方式。在制定方案时对施工场地进行平面布置，设定沉井中心桩和轴线控制桩，并制定了对受施工影响的附近建筑物及地下管线的控制措施和沉降、位移监测方案。

事件2：编制方案前，项目部对地基的承载力进行了验算，验算结果为刃脚下须加铺400mm厚的级配碎石垫层，分层夯实并加铺垫木，如此处理后可满足上部荷载要求。

事件3：方案中对沉井分三节制作的方法提出了施工要求，第一节高于刃脚，当刃脚混凝土强度等级达75%后浇筑上一节混凝土；同时对施工缝的处理也作了明确要求。

问题：

1. 事件1中，基坑开挖前，项目部还应做哪些准备工作？

2. 事件2中，写出级配碎石垫层上铺设的垫木应符合的技术要求。

3. 事件3，补充第二节沉井接高时对混凝土浇筑的施工缝的做法和要求。

4. 结合背景资料，指出本工程项目中属于危险性较大的分部分项工程，是否需要组织专家论证，并说明理由。

（四）

背景资料：

某市政公司中标一市郊护城河跨河桥工程，该桥构造为 13m+16m+13m 简支梁桥，桥台为桩柱式桥台，桥梁宽度方向为 15 片预制板梁，幅宽 16m。因中、边梁跨度不同，边跨梁高 62cm 外中跨梁高 82cm。桥梁纵断面如图 3 所示。

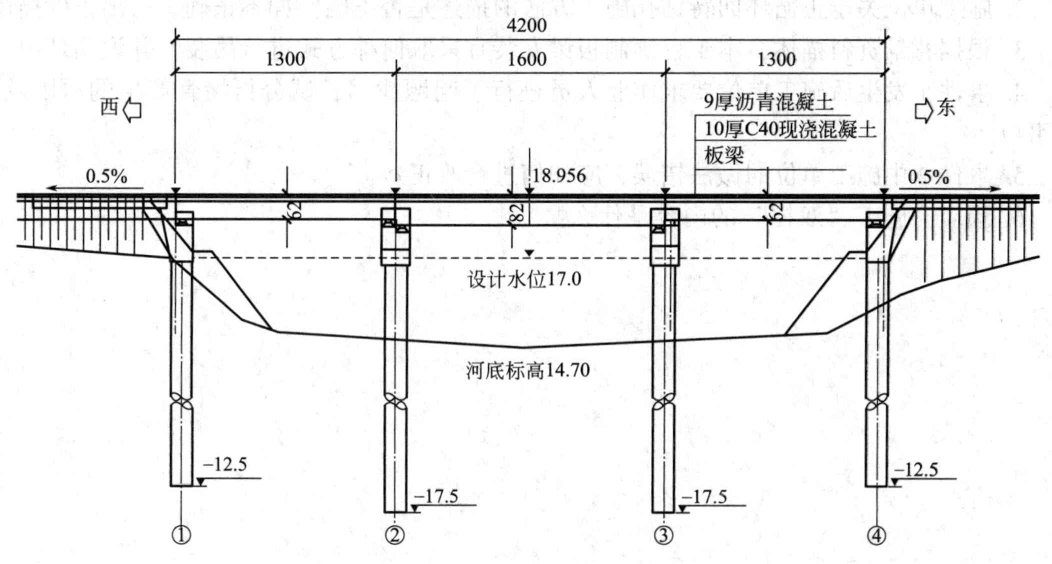

图 3　桥梁纵断面（尺寸单位 cm，标高单位 m）

桥梁支座系统采用矩形板式橡胶支座，其布置如图 4 所示。

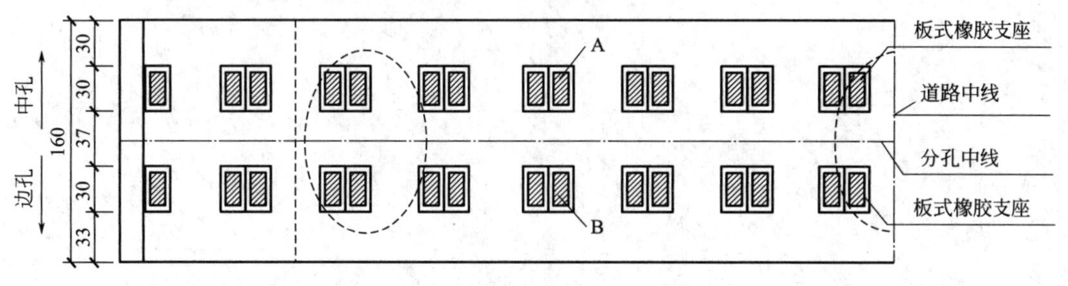

图 4　板式橡胶支座布置图

由于施工期正值河流枯水期，河底平坦无水。表层淤泥平均厚度约 35cm。根据地质条件，施工单位对河底部位进行处理，开辟出一片预制梁场进行预制板梁的施工。

桥梁桩基直径 1. 2m，采用正循环回转钻孔法施工灌注桩，施工方案中对正循环回转钻孔施工方法描述如下：利用钻具旋转切削土体钻进，泥浆输入钻孔内，从钻头的钻杆下口吸进，泥浆携带钻渣通过钻杆中心上升，从钻杆顶部连接管道排出至沉淀池内，钻渣在此沉淀而泥浆回流入泥浆池不再使用。施工过程中发生了如下事件：

事件 1：②号墩台中墩桩基混凝土浇筑中途发生了堵管，因浇筑量不大，施工单位采取提管不拔出混凝土液面，并敲击导管的方式帮助疏导管内堵塞，经疏通后继续施工完成了该种墩桩的浇筑。

事件2：为加快施工进度，项目部购买了三套同型号预应力张拉设备，为使用方便，千斤顶、油泵随机组合起来张拉预应力钢绞线。由于工期紧，新设备购买后立即投入使用。

事件3：为确保张拉质量，板梁预应力施工采取“双控”方式控制。

问题：

1. 试计算A、B支座顶面标高（不考虑桥梁横、纵坡度）。

2. 施工单位关于正循环回转钻孔施工方法的描述是否正确？如不正确，写出正确描述。

3. 根据背景资料描述，本工程预制板梁安装宜采取何种方式进行吊装？并说明理由。

4. 事件1发生后施工单位要求作业人员进行了问题找因，试分析堵管产生的原因及注意事项。

5. 事件2中施工单位的做法错误，应如何进行改正？

6. 预应力施工“双控”的内容是什么？

（五）

背景资料：

某公司承建一座排水拱涵工程，拱涵设计跨径 16.5m，拱圈最小厚度为 0.9m；涵长为 110m，每 10m 设置一道宽 20mm 的沉降缝。拱涵的拱圈和拱墙设计均采用 C40 钢筋混凝土，抗渗等级 P8，扩大基础持力层为弱风化花岗岩；结构防水主要由两部分组成，一是在沉降缝内部采取防水措施，二是对拱涵主体结构（包括拱圈和拱墙）的外表面采用水性渗透型无机防水剂+自粘聚合物改性沥青防水卷材+20mm 厚 M10 砂浆的综合防水措施，拱涵横断面如图 5 所示，沉降缝及外表面防水结构如图 6 所示。

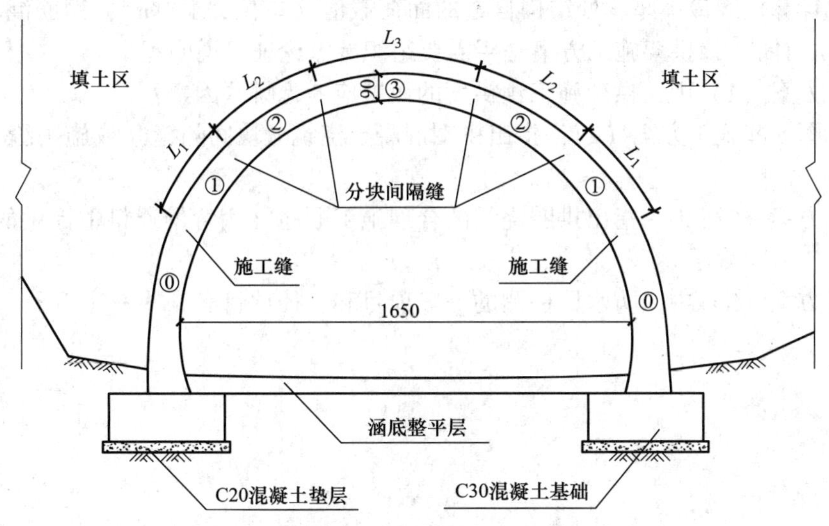

图 5　拱涵横断面布置与混凝土浇筑分块示意图

（单位：cm）

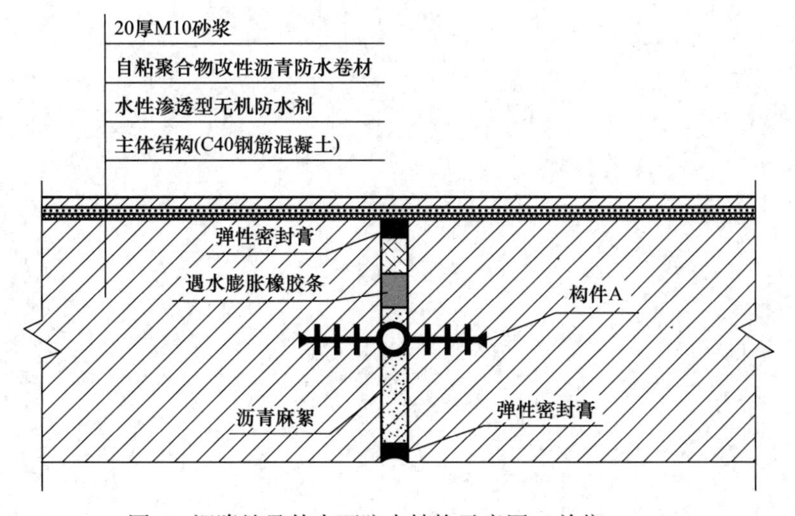

图 6　沉降缝及外表面防水结构示意图（单位：mm）

项目部编制的施工方案有如下内容：

（1）拱圈采用碗扣式钢管满堂支架施工方案，并对拱架设置施工预拱度。

（2）拱涵主体结构（包括拱圈和拱墙）混凝土浇筑采用按相邻沉降缝进行分段，每段拱涵进行分块浇筑的施工方案。每段拱涵分块方案为拱墙分为2块⓪号块，拱圈分为2块①号块、2块②号块、1块③号块，拱涵混凝土浇筑分块如图5所示。混凝土浇筑分2次进行，第一次完成2块⓪号块（拱墙）施工，并设置施工缝；第二次按照拟定的各分块施工顺序完成拱圈的一次性整体浇筑。

（3）拱涵主体结构防水层施工过程中，按规范规定对防水层施工质量进行检测。

问题：

1. 写出图6中构件A的名称。

2. 列式计算拱圈最小厚度处结构自重的面荷载值（单位为kN/m^2，钢筋混凝土重力密度按$26kN/m^3$计）；该拱架施工方案是否需要组织专家论证？说明理由。

3. 施工方案（1）中，拱架施工预拱度的设置应考虑哪些因素？

4. 结合图5和施工方案（2），指出拱圈混凝土浇筑分块间隔缝（或施工缝）预留时应如何处理？

5. 施工方案（2）中，指出拱圈浇筑的合理施工顺序（用背景资料中提供的序号“①、②、③”及“→”表示）。

6. 施工方案（3）中，防水层检测的一般项目和主控项目有哪些？

考前冲刺试卷（一）参考答案及解析

一、单项选择题

1. C；	2. D；	3. D；	4. B；	5. D；
6. A；	7. D；	8. D；	9. A；	10. B；
11. B；	12. B；	13. A；	14. C；	15. C；
16. A；	17. D；	18. B；	19. A；	20. C。

【解析】

1. C。本题考核的是刚性路面的性质。刚性路面：行车荷载作用下产生板体作用，抗弯拉强度大，弯沉变形很小，呈现出较大的刚性，它的破坏取决于极限弯拉强度。刚性路面主要代表是水泥混凝土路面。

2. D。本题考核的是沥青路面面层的性能要求。城市区域应尽量使用低噪声路面，为营造静谧的社会环境创造条件。降噪排水路面的面层结构组合一般为：上面层采用 OGFC 沥青混合料，中面层、下面层等采用密级配沥青混合料。

3. D。本题考核的是城镇道路路基工程项目。城市道路路基工程包括路基（路床）本身及有关的土（石）方、沿线的涵洞、挡土墙、路肩、边坡、各类管线等项目。

4. B。本题考核的是桥梁常用术语。桥梁高度指桥面与低水位之间的高差，或指桥面与桥下线路路面之间的距离，简称桥高。

5. D。本题考核的是深基坑围护结构类型。SMW 工法桩的特点：强度大，止水性好；内插的型钢可拔出反复使用，经济性好；具有较好发展前景，国内上海等城市已有工程实践；用于软土地层时，一般变形较大。因此本题选 D。

6. A。本题考核的是盾构的类型。盾构按开挖面是否封闭可以分为密闭式和敞开式盾构。其中，密闭式盾构包括土压式和泥水平衡式；敞开式盾构包括手掘式、半机械挖掘式、机械挖掘式。

7. D。本题考核的是箱涵顶进施工技术要点。(1) 箱涵主体结构混凝土强度必须达到设计强度，防水层及保护层按设计完成。因此选项 A 错误。(2) 当顶力达到 0.8 倍结构自重时箱涵未启动，应立即停止顶进；找出原因采取措施解决后方可重新加压顶进。因此选项 B 错误。(3) 箱涵顶进应尽可能避开雨期。选项 C 说法太绝对，因此错误。(4) 箱涵顶进过程中，每天应定时观测箱涵底板上设置的观测标钉高程，计算相对高差，展图，分析结构竖向变形。因此选项 D 正确。

8. D。本题考核的是给水排水场站中的全现浇混凝土施工。污水处理构筑物中卵形消化池，通常采用无粘结预应力筋、曲面异形大模板施工。消化池钢筋混凝土主体外表面，需要做保温和外饰面保护；保温层、饰面层施工应符合设计要求。

9. A。本题考核的是沉井施工中的辅助法下沉。辅助法下沉的施工技术包括：

(1) 沉井外壁采用阶梯形以减少下沉摩擦阻力时，在井外壁与土体之间应有专人随时用黄砂均匀灌入，四周灌入黄砂的高差不应超过 500mm，因此选项 C 选项为沉井下沉过程中减少摩阻力的措施。

（2）采用触变泥浆套助沉时，应采用自流渗入、管路强制压注补给等方法；触变泥浆的性能应满足施工要求，泥浆补给应及时以保证泥浆液面高度；施工中应采取措施防止泥浆套损坏失效，下沉到位后应进行泥浆置换，因此选项D选项为沉井下沉过程中减少摩阻力的措施。

（3）采用空气幕助沉时，管路和喷气孔、压气设备及系统装置的设置应满足施工要求；开气应自上而下，停气应缓慢减压，压气与挖土应交替作业；确保施工安全，因此B选项为沉井下沉过程中减少摩阻力的措施。

（4）沉井采用爆破方法开挖下沉时，应符合国家有关爆破安全的规定。

排除选项B、C、D，本题选A。

10. B。本题考核的是无压管道闭水试验准备工作。无压管道闭水试验准备工作：（1）管道及检查井外观质量已验收合格。因此选项A正确。（2）开槽施工管道未回填土且沟槽内无积水。因此选项B错误。（3）全部预留孔应封堵，不得渗水。因此选项C正确。（4）管道两端堵板承载力经核算应大于水压力的合力；除预留进出水管外，应封堵坚固，不得渗水。因此选项D正确。（5）顶管施工，其注浆孔封堵且管口按设计要求处理完毕，地下水位于管底以下。（6）应做好水源引接、排水疏导等方案。

11. B。本题考核的是补偿器的类型。自然补偿器分为L形（管段中90°~150°弯管）和Z形（管段中两个相反方向90°弯管）两种，安装时应正确确定弯管两端固定支架的位置。

12. B。本题考核的是燃气管道分类。一般由城市高压B燃气管道构成大城市输配管网系统的外环网。

13. A。本题考核的是垃圾填埋场防渗系统的构成。垃圾填埋场单层防渗系统由土工布、HDPE膜、GCL垫（可选）构成。

14. C。本题考核的是常用仪器的特点。光学水准仪主要由目镜、物镜、水准管、制动螺旋、微动螺旋、校正螺丝、脚螺旋及专用三脚架等部分组成，现场施工多用来测量构筑物标高和高程，适用于施工控制测量的控制网水准基准点的测设及施工过程中的高程测量。

15. C。本题考核的是投标报价策略。投标策略是投标人经营决策的组成部分，从投标的全过程分析主要表现有生存型、竞争型和盈利型。保证质量、工期的前提下，在保证预期的利润及考虑一定风险的基础上确定最低成本价，在此基础上采取适当的投标技巧可以提高投标文件的竞争性。最常用的投标技巧是不平衡报价法。

16. A。本题考核的是施工现场警示标牌布置与悬挂。安全警示标志的类型、数量应当根据危险部位的性质不同，设置不同的安全警示标志：在爆破物及有害危险气体和液体存放处设置禁止烟火、禁止吸烟等禁止标志；在施工机具旁设置当心触电、当心伤手等警告标志；在施工现场入口处设置必须戴安全帽等指令标志；在通道口处设置安全通道等指示标志；在施工现场的沟、坎、深基坑等处，夜间要设红灯示警。

17. D。本题考核的是城市道路雨期面层施工质量控制措施。选项A、C属于城市道路雨期路基施工控制措施，选项B属于城市道路雨期基层施工控制措施，选项D属于城市道路雨期面层施工质量控制措施。

18. B。本题考核的是沥青路面的压实度检测。沥青路面采用钻芯法检测时，现场钻芯取样送试验室试验，以评定沥青面层的压实度。

19. A。本题考核的是大体积混凝土浇筑施工质量检查与验收。大体积混凝土出现的裂缝按深度的不同，分为贯穿裂缝、深层裂缝及表面裂缝三种。表面裂缝主要是温度裂缝，一般危害性较小。深层裂缝部分地切断了结构断面，对结构耐久性产生一定危害。贯穿裂缝危害性是较严重的。

20. C。本题考核的是柔性管道沟槽回填质量控制。(1) 沟槽回填从管底基础部位开始到管顶以上 500mm 范围内，必须采用人工回填；管顶 500mm 以上部位，可用机具从管道轴线两侧同时夯实。因此选项 C 错误，选项 D 正确。(2) 管内径大于 800mm 的柔性管道，回填施工时应在管内设有竖向支撑。因此选项 A 正确。(3) 管基有效支承角范围内应采用中粗砂填充密实，与管紧密接触，不得用土或其他材料填充。因此选项 B 正确。

二、多项选择题

21. A、B；　22. A、B、C、D；　23. A、C、D；
24. A、B、C；　25. A、B、D、E；　26. A、B、D；
27. A、C、E；　28. B、C、D；　29. A、B、C、D；
30. A、B、C。

【解析】

21. A、B。本题考核的是柔性基层的类型。基层的结构类型可分为柔性基层和半刚性基层。级配型材料基层包括级配砂砾与级配砾石基层，属于柔性基层，可用作城市次干路及其以下道路基层。无机结合料稳定粒料基层属于半刚性基层，包括石灰稳定土类基层、石灰粉煤灰稳定砂砾基层、石灰粉煤灰钢渣稳定土类基层、水泥稳定土类基层等、其强度高、整体性好，适用于交通量大、轴载重的道路。

22. A、B、C、D。本题考核的是土工合成材料的作用。土工合成材料可设置于岩土或其他工程结构内部、表面或各结构层之间，具有加筋、防护、过滤、排水、隔离等功能。

23. A、C、D。本题考核的是预应力筋进场的检验要求。(1) 预应力筋进场时，应对其质量证明文件、包装、标志和规格进行检验。因此选项 A 正确。(2) 钢绞线每批不得大于 60t。因此选项 B 错误。(3) 从每批钢绞线中任取 3 盘，并从每盘所选用的钢绞线端部正常部位截取一根试样，进行表面质量、直径偏差检查和力学性能试验。因此选项 C 正确。(4) 如每批少于 3 盘，应全数检查。因此选项 D 正确。(5) 检验结果如有一项不合格时，则不合格盘报废，并再从该批未检验过的钢绞线中取双倍数量的试样进行该不合格项的复验。如仍有一项不合格，则该批钢绞线为不合格。因此选项 E 错误。

24. A、B、C。本题考核的是移动模架上浇筑预应力混凝土连续梁的施工要求。移动模架上浇筑预应力混凝土连续梁时，箱梁内、外模板在滑动就位时，模板平面尺寸、高程、预拱度的误差必须控制在容许范围内。

25. A、B、D、E。本题考核的是地下水控制方法。轻型井点布置应根据基坑平面形状与大小、地质和水文情况、工程性质、降水深度等而定。

26. A、B、D。本题考核的是饮用水的深度处理。目前，应用较广泛的深度处理技术主要有活性炭吸附法、臭氧氧化法、臭氧活性炭法、生物活性炭法、光催化氧化法、吹脱法等。

27. A、C、E。本题考核的是水池满水试验流程。程序为：试验准备→水池注水→水池内水位观测→蒸发量测定→整理试验结论。池体无盖时，须做蒸发量测定。

28. B、C、D。本题考核的是不开槽施工方法的适用条件。密闭式顶管法的适用管径为 $\phi300\sim\phi4000$mm；盾构法的适用管径为 $\phi3000$mm 以上；浅埋暗挖的适用管径为 $\phi1000$mm 以上；定向钻的适用管径为 $\phi300\sim\phi1000$mm；夯管的适用管径为 $\phi200\sim\phi1800$mm。

29. A、B、C、D。本题考核的是市政工程施工组织设计的编制依据。选项 A、B、C、D 属于市政工程施工组织设计的编制依据应包括的主要内容。

30. A、B、C。本题考核的是超过一定规模的危险性较大的分部分项工程范围。对于超过一定规模的危险性较大的分部分项工程，施工单位应当组织召开专家论证会对专项施工方案进行论证。超过一定规模的危险性较大的分部分项工程范围：（1）开挖深度超过 5m（含 5m）的基坑（槽）的土方开挖、支护、降水工程。因此选项 A 需要专家论证。（2）各类工具式模板工程：包括滑模、爬模、飞模、隧道模等工程。因此选项 B 需要专家论证。（3）采用非常规起重设备、方法，且单件起吊重量在 100kN 及以上的起重吊装工程。因此选项 E 不需要专家论证。（4）暗挖工程：采用矿山法、盾构法、顶管法施工的隧道、洞室工程。因此选项 C 需要专家论证。（5）开挖深度 16m 及以上的人工挖孔桩工程。因此选项 D 不需要专家论证。

三、实务操作和案例分析题

（一）

1.“十大员”中：

A 为安全员，B 为质检员。

2.（1）补画路面基层与路面面层的横道图线见图 7。

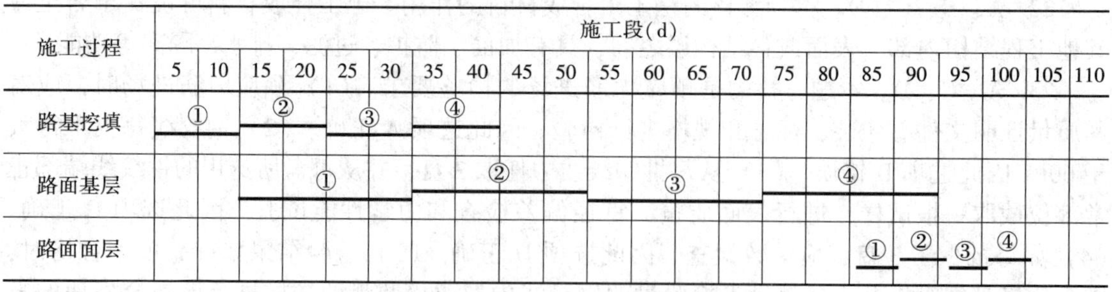

施工过程	施工段(d)																					
	5	10	15	20	25	30	35	40	45	50	55	60	65	70	75	80	85	90	95	100	105	110
路基挖填		①		②		③		④														
路面基层				①				②				③				④						
路面面层																	①	②	③	④		

图 7　新建城镇道路施工进度计划横道表

（2）路基挖填与路面基层之间的流水步距为：max {10，（20−20），（30−40），（40−60），−80} =10d。

（3）路面基层与路面面层之间的流水步距为：max {20，（40−5），（60−10），（80−15），−20} =65d。

3. 计划工期为：最后一道施工过程在各施工段的作业时间和+路基挖填与路面基层之间的流水步距+路面基层与路面面层之间的流水步距+间歇时间=（5+5+5+5）+10+65+7=102d。

本工程的指令工期 100d，小于计划工期（102d），故不满足指令工期。

4. 从题干可以看出，基层采用材料为二灰混合料。二灰混合料采用湿养，保持表面潮湿，也可采用沥青乳液和沥青下封层进行养护，养护期视季节而定，常温下不少于 7d。

5. 从案例背景“在路面基层施工完成后，必须进行的工序还有 C、D，然后才能进行路面面层施工。”可以看出主要考查基层施工程序。工序 C 应为养护，工序 D 应为透层施工。

（二）

1. 构造 A 的名称：冠梁。

构造 B 的名称：排水沟（或截水沟）。

构造 C 的名称：锚杆（或锚索）。

2. 项目部可采取的应急措施：坑底土体加固，及时施作底板结构等措施。

3. 第三方监测单位应提交的监测成果：监测日报、警情快报（或预警）、阶段性报告、总结报告。

4. 工程材料价格调整总额计算：

（1）钢材：(4200−4600)/4600×100% = −8.70% < −5%，应调整价差。

应调减价差为：[4600×(1−5%)−4200]×1000 = 170000 元。

（2）商品混凝土：(580−500)/500×100% = 16% > 5%，应调整价差。

应调增价差为：[580−500×(1+5%)]×5000 = 275000 元。

（3）木材：(1630−1590)/1590×100% = 2.52% < 5%，不调整价差。

（4）合计：3 月份部分材料价格调整总额为：275000−170000 = 105000 元。

5. （1）安全事故划分等级为：特别重大安全事故、重大安全事故、较大安全事故、一般安全事故。

（2）本工程属于一般安全事故。

（三）

1. 事件 1 中，基坑开挖前，项目部还应做下列准备工作：

（1）组织准备：①组织安排施工队伍；②对施工人员进行培训。

（2）技术管理准备：①收集整理施工图纸、地质勘察报告等技术资料；②图纸会审；③编制施工组织设计、施工方案、专项施工方案、作业指导书等；④确认质量检验与验收程序、内容、标准等。

（3）物资准备：原材料、机具设备、安全防保用品等。

（4）现场准备：①场地整平；②勘测设计交桩、交线；③建设现场实验室；④修建临时施工便线、导行临时交通；⑤搭建临时设施。

（5）资金准备。

2. 级配碎石垫层上铺设的垫木应符合的技术要求：

垫木铺设应使刃角底面在同一水平面上，并符合起沉标高的要求，平面布置要均匀对称，每根垫木的长度中心应与刃角底面中心线重合，定位垫木的布置应使沉井有对称的着力点。

3. 第二节沉井接高时对混凝土浇筑的施工缝的做法和要求：施工缝应采用凹凸缝或设置钢板止水带，施工缝应凿毛并清理干净。内外模板采用对拉螺栓固定时，其对拉螺栓的中间应设置防渗止水片；钢筋密集部位和预留孔底部应辅以人工振捣，保证结构密实。

4. （1）危险性较大的分部分项工程：基坑土方开挖工程、基坑支护工程、基坑降水工程、模板支撑工程、水下混凝土灌注工程。

（2）基坑土方开挖工程、基坑支护工程、基坑降水工程、水下混凝土灌注工程不需要组织专家论证。模板支撑工程需要组织专家论证。

（3）理由：①本工程基坑底在地表以下 4.5m 处，意味着基坑开挖深度未超过 5m，故基坑土方开挖工程、支护工程、降水工程不需要组织专家论证。②本工程井壁总高 11.45m，2 次接高 1 次下沉，意味着支撑高度超过了 8m，故模板支撑工程需要组织专家论证。③本工程采用不排水沉井法施工，沉井水下封底需要灌注水下混凝土，水下工程属于危险性较大的分部分项工程，但不需要组织专家论证。

（四）

1. A 点标高为：18.956−0.09−0.1−0.82＝17.946m；

B 点标高为：18.956−0.09−0.1−0.62＝18.146m。

2. 施工单位关于正循环回转钻孔施工方法的描述不正确。

正确描述：利用钻具旋转切削土体钻进，泥浆泵将泥浆通过钻杆中心从钻头喷入钻孔内，泥浆携带钻渣沿钻孔上升，从护筒顶部排浆孔排出至沉淀池，钻渣在此沉淀而泥浆流入泥浆池循环使用。

3. 该梁场布置于干涸河道内，并且河底位置较为平坦，适于起重机吊运。

理由：该河底标高为 14.7m，桥面标高为 18.956m，桥梁较低起重机安装较为方便。

4.（1）堵管原因：灌注混凝土时发生堵管主要是由灌注导管破漏、灌注导管底距孔底深度太小、完成二次清孔后灌注混凝土的准备时间太长、隔水栓不规范、混凝土配制质量差、灌注过程中灌注导管埋深过大等原因引起。

（2）注意事项：

① 灌注导管在安装前应有专人负责检查，可采用肉眼观察和敲打听声相结合的方法进行，检查项目主要有灌注导管是否存在孔洞和裂缝、接头是否密封、厚度是否合格。

② 灌注导管使用前应进行水密承压和接头抗拉试验，严禁用气压。进行水密试验的水压不应小于孔内水深 1.5 倍的压力。

5. 事件 2 中，施工单位的做法错误应按下列做法进行改正：

（1）张拉作业前，必须对千斤顶、油泵进行配套检定，配套使用；张拉设备和压力表的检定期限不得超过半年，且不得超过 200 次张拉作业。

（2）该三套张拉设备，需进行编组，单独进行标定，不同组号的设备不得混用。

（3）新设备购买后须经第三方机构检测合格方可投入使用。

6. “双控”即以张拉力控制为主，以实际伸长值进行校核。

（五）

1. 图 6 中构件 A 的名称：橡胶止水带。

2.（1）拱圈最小厚度处结构自重的面荷载值为：$0.9\times26=23.4\text{kN/m}^2$。

（2）该施工方案需要专家论证。

（3）理由：拱架工程拱圈最小厚度处的面荷载值为 23.4kN/m^2，超过了“施工总荷载 15kN/m^2 及以上”的规定，属于超过一定规模的危险性较大的分部分项工程，故需要组织专家论证。

3. 拱架施工预拱度的设置应考虑的因素：

（1）设计文件规定的结构预拱度；

（2）拱架承受施工荷载引起的弹性变形；

（3）受载后由于杆件接头处的挤压和卸落设备压缩而产生的非弹性变形；

（4）拱架基础承受荷载后的沉降。

4. 拱圈浇筑的合理施工顺序：

（1）拱圈混凝土浇筑前，对于⓪号块和①号块之间的施工缝，应待⓪号块混凝土达到规定强度后，将其与①号块的相接面凿成垂直于拱轴线的平面或台阶式接合面，并将相接面凿毛，清洗干净，表面湿润但不得有积水，抹与混凝土同水胶比的水泥砂浆后，方可浇筑拱圈混凝土①号块、②号块和③号块。

（2）拱圈混凝土浇筑时，对于①号块、②号块、③号块之间的分块间隔缝，混凝土应连续浇筑，在①号块混凝土初凝前完成②号块和③号块的混凝土浇筑。

5. 拱圈浇筑的合理施工顺序：①→②→③。

6.（1）防水层检测的一般项目：外观质量。

（2）防水层检测的主控项目：①粘结强度；②涂料厚度。

《市政公用工程管理与实务》
考前冲刺试卷（二）及解析

《市政公用工程管理与实务》考前冲刺试卷（二）

一、单项选择题（共20题，每题1分。每题的备选项中，只有1个最符合题意）

1. 在一定温度和外力作用下变形而不开裂的能力属于沥青（　　）性能。

A. 塑性　　B. 稠度
C. 温度稳定性　　D. 大气稳定性

2. 当水泥土强度没有充分形成时，表面遇水会软化，导致沥青面层（　　）。

A. 横向裂缝　　B. 纵向裂缝
C. 龟裂破坏　　D. 泛油破坏

3. SMA 沥青混合料面层施工时，不得使用（　　）。

A. 小型压路机　　B. 平板夯
C. 振动压路机　　D. 轮胎压路机

4. 普通混凝土路面施工完毕并经养护后，在混凝土达到设计（　　）强度的40%以后，允许行人通过。

A. 抗压　　B. 弯拉
C. 抗拉　　D. 剪切

5. 桥梁活动支座安装时，应在聚四氟乙烯板顶面凹槽内满注（　　）。

A. 丙酮　　B. 硅脂
C. 清机油　　D. 脱模剂

6. 下列围堰类型中，适用于水深不大于1.5m、流速不大于0.5m/s或河边浅滩的是（　　）。

A. 土围堰　　B. 土袋围堰
C. 堆石土围堰　　D. 竹篾土围堰

7. 水中圆形双墩柱桥梁的盖梁模板支架宜采用（　　）。

A. 扣件式钢管支架　　B. 门式钢管支架
C. 钢抱箍桁架　　D. 碗扣式钢管支架

8. 地铁车站施工方法中，速度快，造价低的是（　　）。

A. 喷锚暗挖法　　B. 盾构法
C. 盖挖法　　D. 明挖法

9. 水泥土搅拌法地基加固适用于（　　）。

A. 障碍物较多的杂填土　　B. 欠固结的淤泥质土

C. 可塑的黏性土　　D. 密实的砂类土

10. 常用的给水处理方法中，（　　）用以去除水中粗大颗粒杂质。

A. 过滤　　B. 自然沉淀

C. 消毒　　D. 混凝沉淀

11. 池壁（墙）混凝土浇筑时，常用来平衡模板侧向压力的是（　　）。

A. 支撑钢管　　B. 对拉螺栓

C. 系缆风绳　　D. U 形钢筋

12. 在相同施工条件下，采用放坡法开挖沟槽，边坡坡度最陡的土质是（　　）。

A. 硬塑的粉土　　B. 硬塑的黏土

C. 老黄土　　D. 经井点降水后的软土

13. 关于供热站内管道和设备严密性试验的实施要点的说法，正确的是（　　）。

A. 仪表组件应全部参与试验　　B. 仪表组件可采取加盲板方法进行隔离

C. 安全阀应全部参与试验　　D. 闸阀应全部采取加盲板方法进行隔离

14. 下列施工方法中，不适用于综合管廊的是（　　）。

A. 夯管法　　B. 盖挖法

C. 盾构法　　D. 明挖法

15. HDPE 膜焊缝非破坏性检测的传统方法是（　　）。

A. 真空检测　　B. 气压检测

C. 水压检测　　D. 电火花检测

16. 关于施工测量的说法，错误的是（　　）。

A. 规划批复和设计文件是施工测量的依据

B. 施工测量贯穿于工程实施的全过程

C. 施工测量应遵循"由局部到整体，先细部分后控制"的原则

D. 综合性的市政基础设施工程中，使用不同的设计文件时，应进行平面控制网联测

17. 下列向发包人进行工期与费用索赔的说法，正确的是（　　）。

A. 延期发出施工图纸产生的索赔

B. 工程项目增加的变更导致的索赔

C. 延误非关键线路上的工作产生的索赔

D. 在保期内偶遇恶劣气候导致的索赔

18. 端承桩钻孔的终孔标高应以（　　）为准。

A. 以桩端进入持力层深度　　B. 沉渣厚度

C. 勘察报告　　D. 泥浆含砂率

19. 关于施工安全技术交底的说法，正确的是（　　）。

A. 施工时，编制人员可向管理人员进行交底

B. 现场管理人员可根据施工方案向作业人员进行交底

C. 仅由交底人进行签字确认即可

D. 作业人员应在施工中进行交底

20. 工程竣工验收合格之日起 15 个工作日内，（　　）应向工程所在地的县级以上地

方人民政府建设行政主管部门备案。

A. 设计单位　　B. 施工单位

C. 建设单位　　D. 监理单位

二、多项选择题（共10题，每题2分。每题的备选项中，有2个或2个以上符合题意，至少有1个错项。错选，本题不得分；少选，所选的每个选项得0.5分）

21. 城镇沥青路面道路结构组成有（　）。

A. 路基　　B. 基层

C. 面层　　D. 垫层

E. 排水层

22. 钢筋混凝土扶壁式挡土墙的结构特点体现在（　）。

A. 依靠墙体自重抵挡土压力作用

B. 形式简单，就地取材，施工简便

C. 比悬臂式受力条件好，在高墙时较悬臂式经济

D. 沿墙长，每隔一定距离加筑肋板（扶壁），使墙面与墙踵板连接

E. 可减薄墙体厚度，节省混凝土用量

23. 计算桥梁墩台侧模强度时采用的荷载有（　）。

A. 新浇筑钢筋混凝土自重　　B. 振捣混凝土时的荷载

C. 新浇筑混凝土时对侧模的压力　　D. 施工机具荷载

E. 倾倒混凝土时产生的水平冲击荷载

24. 城市桥梁工程的桩基础按成桩施工方法可分为（　）。

A. 机械挖孔桩基础　　B. 钻孔灌注桩基础

C. 沉入桩基础　　D. 泥浆护壁成孔桩基础

E. 人工挖孔桩基础

25. 盾构法隧道始发洞口土体常用的加固方法有（　）。

A. 深层搅拌法　　B. 冻结法

C. SMW 桩法　　D. 地下连续墙法

E. 高压旋喷注浆法

26. 相对来说，浅埋暗挖法中施工工期较长的方法是（　）。

A. 全断面法　　B. 正台阶法

C. 双侧壁导坑法　　D. 中洞法

E. 柱洞法

27. 利用微生物的代谢作用去除城市污水中有机物质的常用方法有（　）。

A. 混凝法　　B. 活性污泥法

C. 厌氧消化法　　D. 生物膜法

E. 浓缩法

28. 疏水阀在蒸汽管网中的作用包括（　）。

A. 排除空气　　B. 阻止蒸汽逸漏

C. 调节流量　　D. 排放凝结水

E. 防止水击

29. 关于燃气管道穿越高速公路和城镇主干道时设置套管的说法，正确的是（　）。

A. 宜采用钢筋混凝土管　　B. 套管内径比燃气管外径大 100mm 以上

C. 管道宜垂直高速公路布置　　D. 套管两端应密封

E. 套管埋设深度不应小于 2m

30. 钻孔灌注桩桩端持力层为中风化岩层时，判定岩层界面的措施包括（　　）。

A. 钻头重量　　B. 地质资料

C. 钻头大小　　D. 主动钻杆抖动情况

E. 现场捞取渣样

三、实务操作和案例分析题（共 5 题，（一）、（二）、（三）题各 20 分，（四）、（五）题各 30 分）

（一）

背景资料：

某公司承建一项城市道路改建工程，道路全长 1500m，其中 1000m 为旧路改造路段，500m 为新建填方路段；填方路基两侧采用装配式钢筋混凝土挡土墙，挡土墙基础采用现浇强度等级为 C30 的钢筋混凝土，并通过预埋件、钢筋与预制墙面板连接；基础下设二灰稳定碎石垫层。预制墙面板每块宽 1. 98m，高 2~6m，每隔 4m 在板缝间设置一道泄水孔。新建道路路面结构上面层为 4cm 厚 SMA-13 改性沥青混合料，下面层为 8cm 厚 AC-20 中粒式沥青混合料。旧路改造段路面面层采用在既有水泥混凝土路面上加铺 4cm 厚改性 SMA-13 沥青混合料。新、旧路面结构衔接有专项设计方案。新建道路横断面如图 1 所示。

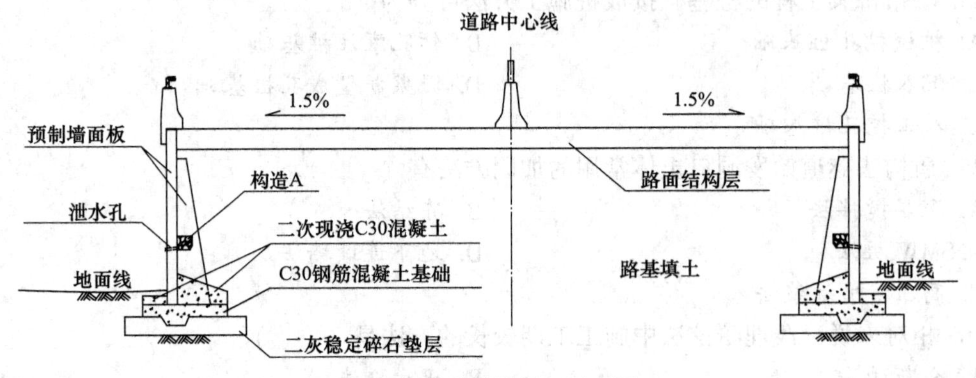

图 1　新建道路横断面示意图

施工过程中发生如下事件：

事件 1：项目部编制了挡土墙施工方案，明确了各施工工序：①预埋件焊接、钢筋连接；②二灰稳定碎石垫层施工；③吊装预制墙面板；④现浇 C30 钢筋混凝土基础；⑤墙面板间灌缝；⑥二次现浇 C30 混凝土。

事件 2：项目部在加铺面层前对既有水泥混凝土路面进行综合调查，发现路面整体情况良好，但部分路面面板存在轻微开裂及板下脱空现象，部分检查井有沉陷。项目部拟采用非开挖的形式对脱空部位进行基底处理，并将混凝土面板的接缝清理后，进行沥青面层加铺。

事件 3：为保证雨期沥青面层施工质量，项目部制定了雨期施工质量控制措施，内容包括：①沥青面层不得在下雨或下层潮湿时施工；②加强施工现场与沥青拌合厂联系，及时关注天气情况，适时调整供料计划。

问题：

1. 挡土墙属于哪种结构形式？写出构件 A 的名称及其主要作用。

2. 事件 1 中，给出预制墙面板的安装条件；写出挡土墙施工工艺流程（用背景资料中的序号“①~⑥”及“→”作答）。

3. 事件 2 中，路面板基底脱空非开挖式处理最常用的方法是什么？需要通过试验确定哪些参数？

4. 事件 2 中，在既有水泥混凝土路面上加铺沥青面层前，项目部还需要完成哪些工序？

5. 事件 3 中，补充雨期面层施工质量控制措施。

（二）

背景资料：

某公司承建一项管道工程，长度350m，管径2.4m。管道为钢筋混凝土管，采用土压平衡式顶管机，配备4台200t千斤顶，单向顶进方式，根据现场条件和设计要求确定了工作井位置。工作井采用现浇钢筋混凝土沉井结构，邻近的新建管道、既有建筑和其他管线不在拆迁范围。管道顶进纵断面如图2所示。

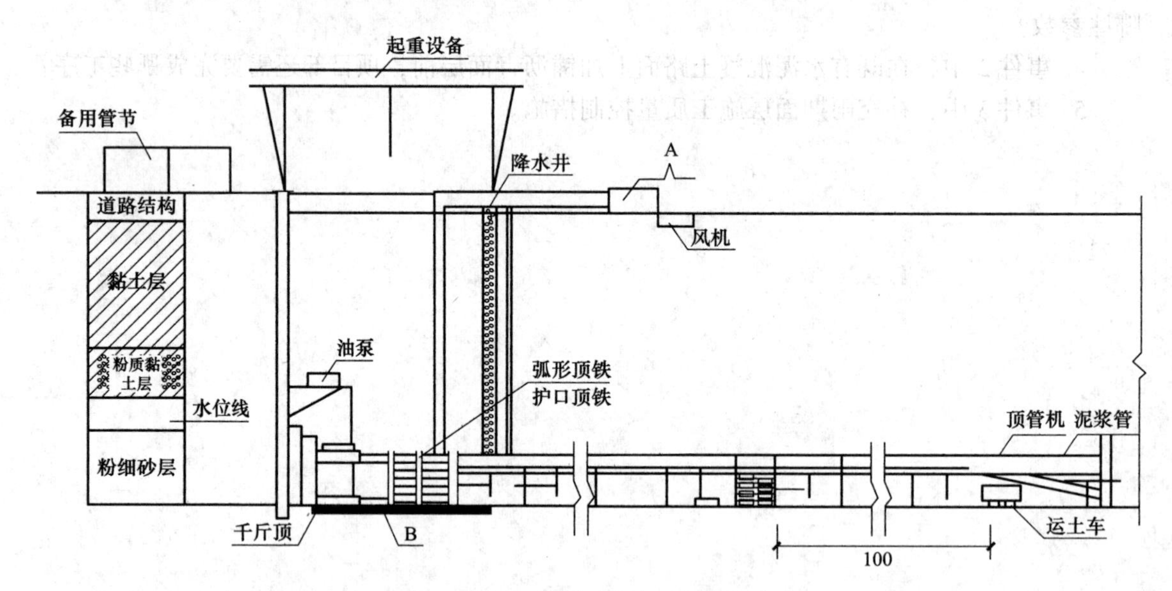

图2　管道顶进纵断面（单位：m）

在项目部编制的施工组织设计中，针对本工程的特点和难点，制定了以下措施：

（1）为解决顶距长、阻力大带来的顶进困难，拟更换较大顶力的千斤顶增加顶力。

（2）为防止顶进过程遇软弱土层时管节漂移，加强管道轴线测量，及顶管机的机头方向。

（3）在顶进过程中当管线偏移量达到允许偏差值时，应进行纠偏。

（4）在顶进过程中应对周边环境进行监测。

该施工组织设计报单位技术负责人审批，未通过。单位技术负责人针对措施中的三项措施提出修改意见。

问题：

1. 写出图中A，B的名称。
2. 工作井的井位宜布置在上游还是下游？写出原因。
3. 写出顶进过程中，对周边环境需监测的内容。
4. 修改项目部制定的三项技术措施中不正确之处。

（三）

背景资料：

A公司承接一项城市天然气管道工程，全长5.0km，设计压力0.4MPa，钢管直径*DN*300mm，均采用成品防腐管。设计采用直埋和定向钻穿越两种施工方法，其中，穿越现状道路路口段采用定向钻方式敷设，钢管在地面连接完成，经无损检测等检验合格后回拖就位，施工工艺流程如图3所示。穿越段土质主要为填土、砂层和粉质黏土。

直埋段成品防腐钢管到场后，厂家提供了管道的质量证明文件，项目部质检员对防腐层厚度和粘结力做了复试，经检验合格后，开始下沟安装。

定向钻施工前，项目部技术人员进入现场踏勘，利用现状检查井核实地下管线的位置和深度，对现状道路开裂、沉陷情况进行统计。项目部根据调查情况编制定向钻专项施工方案。

定向钻钻进施工中，直管钻进段遇到砂层，项目部根据现场情况采取控制钻进速度、泥浆流量和压力等措施，防止出现塌孔、钻进困难等问题。

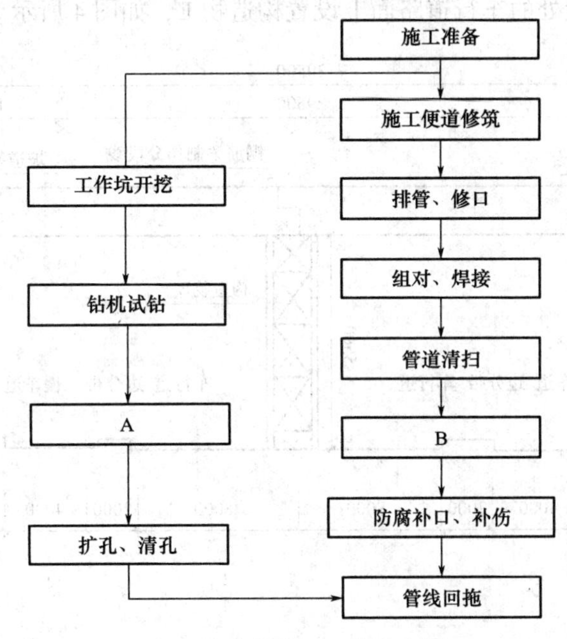

图3　定向钻施工工艺流程图

问题：

1. 写出图3中工序A、B的名称。

2. 本工程燃气管道属于哪种压力等级？根据《城镇燃气输配工程施工及验收标准》GB/T 51455—2023规定，指出定向钻穿越段钢管焊接接头进行焊缝质量检验时，应采用的无损检测方法和抽检数量。

3. 直埋段管道下沟前，质检员还应补充检测哪些项目？并说明检测方法。

4. 为保证施工和周边环境安全，编制定向钻专项方案前还需做好哪些调查工作？

5. 指出塌孔对周边环境可能造成哪些影响？项目部还应采取哪些防塌孔技术措施？

（四）

背景资料：

甲公司承建某人行天桥工程，其中将钢梁加工分包给乙单位完成。

项目部编制施工组织设计时，根据《危险性较大的分部分项工程安全管理规定》（由中华人民共和国住房和城乡建设部令第37号发布，经中华人民共和国住房和城乡建设部令第47号修正）和《住房城乡建设部办公厅关于实施〈危险性较大的分部分项工程安全管理规定〉有关问题的通知》（建办质〔2018〕31号）中相关要求，编制了危险性较大的分部分项工程（简称危大工程）的专项施工方案。施工组织设计明确如下事项：

事项1：将钢箱梁制作加工的工序划分为①钢材矫正；②加工切割；③矫正、制孔及边缘加工；④放样画线；⑤组装与焊接；⑥工厂涂装；⑦构件变形矫正；⑧试拼装。同时，编制了钢箱梁制作加工工艺流程：①钢材矫正→④放样画线→②加工切割→A→B→C→D→⑥工厂涂装。

事项2：钢箱梁从跨中分两节段在钢构厂制作完成后，通过公路运输至现场。安装时，在钢箱梁跨中分段位置处的车行道路面上设置构造物E，如图4所示。

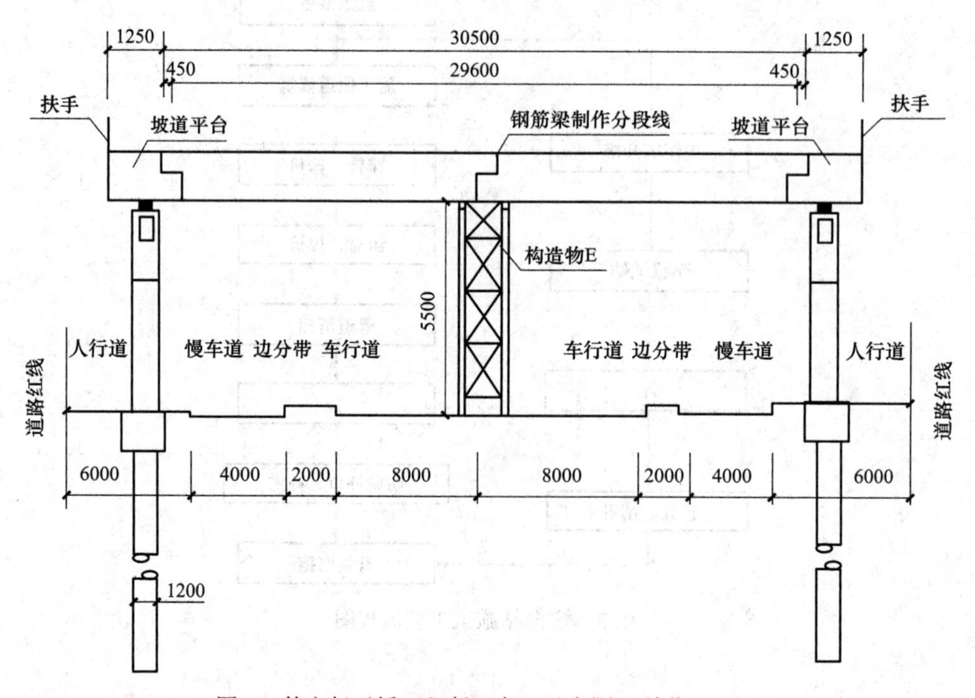

图4　某人行天桥工程断面布置示意图（单位：mm）

问题：

1. 甲乙可通过何种途径实现合作，乙单位应具备什么条件？
2. 写出钢梁制作加工工艺流程A、B、C、D的名称（用序号表示）。
3. 写出构造物E的名称及作用。
4. 从受力角度写出构造物E应满足的要求。
5. 本工程涉及的危大工程可能有哪些。
6. 本工程中钢梁安装最适宜的方法是什么。

（五）

背景资料：

某施工单位承接了一项现浇水池工程，如图 5 所示。项目部根据相关要求编制了基坑开挖专项施工方案，组织了专家论证，专家论证意见为“修改后通过”。

项目部立即开始基坑放坡开挖，采用管井降水，将地下水位控制在基坑垫层以下 0.5m，确保基坑无水作业。施工管理人员对蓄水池的钢筋、混凝土的数量进行了计算，制定了材料使用计划。试验人员按照每 $100m^3$ 混凝土为一个验收批留置一组抗压试块，每 $500m^3$ 混凝土为一个验收批留置一组抗渗试块的要求进行了试块制作。

侧壁施工时，模板采用一次安装到顶，分层预留浇筑窗口的施工方法，窗口的层高为 2.5m，水平净距为 3m。安装每层窗口模板的时间不超过前一层混凝土的终凝时间。混凝土浇筑完成后，对结构进行了 7d 养护。

池体结构施工完成后，项目部组织了水池满水试验。试验流程为：试验准备→A→水池内水位观测→B→整理试验结论。

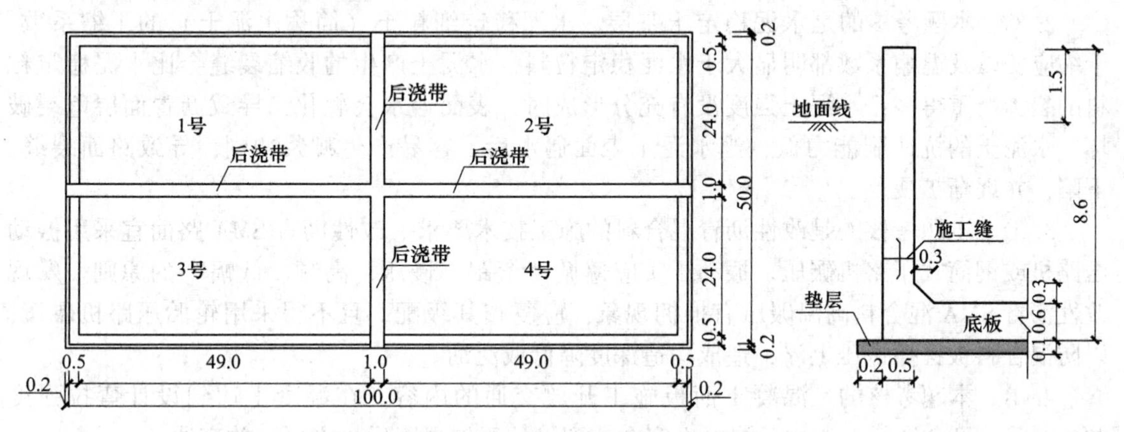

图 5　现浇水池工程施工示意图（单位：m）

问题：

1. 基坑降水的作用是什么？

2. 列式计算基坑开挖深度，写出需要专家论证的理由，专家至少需要几名，论证结果“修改后通过”直接实施是否正确？

3. 列式计算 1 号块底板混凝土浇筑方量（保留 3 位小数），根据计算结果应分别预留多少组抗压和抗渗试块？

4. 判断窗口层高、净距、每层窗口安装时间及混凝土养护是否有错误之处。

5. 写出满水试验流程中 A、B 的名称。

6. 现浇水池进行满水试验时，池内注水要求包括哪些？

考前冲刺试卷（二）参考答案及解析

一、单项选择题

1. A；	2. C；	3. D；	4. B；	5. B；
6. A；	7. C；	8. D；	9. C；	10. B；
11. B；	12. C；	13. B；	14. A；	15. A；
16. C；	17. B；	18. A；	19. B；	20. C。

【解析】

1. A。本题考核的是沥青混合料的沥青性能。沥青的主要性能指标中，塑性：沥青材料在外力作用下发生变形而不被破坏的能力，即反映沥青抵抗开裂的能力。

2. C。本题考核的是水泥稳定土基层。水泥稳定细粒土（简称水泥土）的干缩系数、干缩应变以及温缩系数都明显大于水泥稳定粒料，水泥土产生的收缩裂缝会比水泥稳定粒料的裂缝严重得多；水泥土强度没有充分形成时，表面遇水会软化，导致沥青面层龟裂破坏；水泥土的抗冲刷能力低，当水泥土表面遇水后，容易产生唧浆冲刷，导致路面裂缝、下陷，并逐渐扩展。

3. D。本题考核的是改性沥青混合料的施工技术要求。改性沥青 SMA 路面宜采用振动压路机或钢筒式压路机碾压。振动压实应遵循“紧跟、慢压、高频、低幅”的原则。发现改性沥青 SMA 混合料高温碾压有推拥现象，应复查其级配，且不得采用轮胎压路机碾压，以防混合料被搓擦挤压上浮，造成构造深度降低或泛油。

4. B。本题考核的是混凝土面板施工开放交通的内容。在混凝土达到设计弯拉强度40%以后，可允许行人通过。混凝土完全达到设计弯拉强度后，方可开放交通。

5. B。本题考核的是桥梁支座施工一般规定。桥梁活动支座安装前应采用丙酮或酒精解体清洗其各相对滑移面，擦净后在聚四氟乙烯板顶面凹槽内满注硅脂。

6. A。本题考核的是土围堰的适用条件。土围堰的适用条件为：水深不大于 1.5m；流速不大于 0.5m/s，河边浅滩，河床渗水性较小。

7. C。本题考核的是支架法现浇预应力混凝土连续梁施工技术。扣件式钢管支架、门式钢管支架、碗扣式钢管支架均属于支架法，支架法施工时，支架底部应有良好的排水措施，不能被水浸泡。题干描述的是水中施工，可以排除 A、B、D 三项。钢抱箍支架就是用一种钢板抱住或箍住钢筋混凝土柱，它属于紧固件，无支架落水。

8. D。本题考核的是明挖法。明挖法是修建地铁车站的常用施工方法，具有施工作业面多、速度快、工期短、易保证工程质量、工程造价低等优点，缺点是对周围环境影响较大。

9. C。本题考核的是水泥土搅拌法的适用范围。水泥土搅拌法适用于加固淤泥、淤泥质土、素填土、黏性土（软塑和可塑）、粉土（稍密、中密）、粉细砂（稍密、中密）、中粗砂（松散、稍密）、饱和黄土等土层，不适用于含有大孤石或障碍物较多且不易清除的杂填土、欠固结的淤泥和淤泥质土、硬塑及坚硬的黏性土、密实的砂类土，以及地下水影响成桩质量的土层。

10. B。本题考核的是常用的给水处理方法。自然沉淀：用以去除水中粗大颗粒杂质。

11. B。本题考核的是预应力混凝土水池施工技术。采用穿墙螺栓（又称对拉螺栓）来平衡混凝土浇筑对模板的侧压力时，应选用两端能拆卸的螺栓或在拆模板时可拨出的螺栓。

12. C。本题考核的是城市给水排水管道工程沟槽施工方案中确定沟槽边坡放坡。当地质条件良好、土质均匀、地下水位低于沟槽底面高程，且开挖深度在5m以内、沟槽不设支撑时，沟槽边坡最陡坡度应符合表1的规定。

表1　深度在5m以内的沟槽边坡的最陡坡度

土的类别	边坡坡度(高：宽)		
	坡顶无荷载	坡顶有静载	坡顶有动载
中密的砂土	1：1.00	1：1.25	1：1.50
中密的碎石类土(充填物为砂土)	1：0.75	1：1.00	1：1.25
硬塑的粉土	1：0.67	1：0.75	1：1.00
中密的碎石类土(充填物为黏性土)	1：0.50	1：0.67	1：0.75
硬塑的粉质黏土、黏土	1：0.33	1：0.50	1：0.67
老黄土	1：0.10	1：0.25	1：0.33
软土(经井点降水后)	1：1.25	—	—

13. B。本题考核的是供热管道严密性试验的实施要点。对于供热站内管道和设备的严密性试验，试验前还需确保安全阀、爆破片及仪表组件等已拆除或加盲板隔离，加盲板处有明显的标记并作记录，安全阀全开，填料密实。

14. A。本题考核的是综合管廊施工方法。综合管廊主要施工方法主要有明挖法、盖挖法、盾构法和锚喷暗挖法（矿山法）等。

15. A。本题考核的是聚乙烯（HDPE）膜防渗层施工中的焊缝检测技术。真空检测是传统方法，即在HDPE膜焊缝上涂肥皂水，罩上五面密封的真空罩，用真空泵抽真空，当真空罩内气压达到25~35kPa时焊缝无任何泄漏视为合格。

16. C。本题考核的是施工测量。施工测量是一项琐碎而细致的工作，作业人员应遵循“由整体到局部，先控制后细部”的原则，因此C选项错误。

17. B。本题考核的是索赔项目。A选项只能索赔工期，C选项不能索赔工期，D选项只能索赔费用。

18. A。本题考核的是钻孔深度的误差。对于端承桩钻孔的终孔标高应以桩端进入持力层深度为准，不宜以固定孔深的方式终孔。

19. B。本题考核的是施工安全技术交底。安全技术交底是法定管理程序，必须在施工作业前进行，因此A、D选项错误。以施工方案为依据进行的安全技术交底；施工现场管理人员应当向作业人员进行安全技术交底，并由双方和项目专职安全生产管理人员共同签字确认，因此B选项正确。安全技术交底应留有书面材料，由交底人、被交底人、专职安全员进行签字确认，因此C选项错误。

20. C。本题考核的是工程竣工备案的有关规定。建设单位应当自工程竣工验收合格之日起15d内，提交竣工验收报告，向工程所在地县级以上地方人民政府建设行政主管部门（备案机关）备案。

二、多项选择题

21. A、B、C；　　22. C、D；　　23. C、E；
24. B、C、E；　　25. A、B、E；　　26. C、D、E；
27. B、D；　　28. A、B、D、E；　　29. B、C、D；
30. B、D、E。

【解析】

21. A、B、C。本题考核的是城镇沥青路面道路结构组成。城镇沥青路面道路结构由面层、基层和路基组成，层间结合必须紧密稳定，以保证结构的整体性和应力传递的连续性。

22. C、D。本题考核的是钢筋混凝土扶壁式挡土墙的结构特点。体现在：（1）沿墙长，隔相当距离加筑肋板（扶壁），使墙面与墙踵板连接；（2）比悬臂式受力条件好，在高墙时较悬臂式经济。

23. C、E。本题考核的是设计模板、支架和拱架的荷载组合。设计模板、支架和拱架时应按表2进行荷载组合。

表2　设计模板、支架和拱架的荷载组合表

模板构件名称	荷载组合	
	计算强度用	验算刚度用
梁、板和拱的底模及支承板、拱架、支架等	①+②+③+④+⑦+⑧	①+②+⑦+⑧
缘石、人行道、栏杆、柱、梁板、拱等的侧模板	④+⑤	⑤
基础、墩台等厚大结构物的侧模板	⑤+⑥	⑤

注：表中代号意思如下：
① 模板、拱架和支架自重。
② 新浇筑混凝土、钢筋混凝土或圬工、砌体的自重力。
③ 施工人员及施工材料机具等行走运输或堆放的荷载。
④ 振捣混凝土时的荷载。
⑤ 新浇筑混凝土对侧面模板的压力。
⑥ 倾倒混凝土时产生的水平向冲击荷载。
⑦ 设于水中的支架所承受的水流压力、波浪力、流冰压力、船只及其他漂浮物的撞击力。
⑧ 其他可能产生的荷载，如风雪荷载、冬期施工保温设施荷载等。

24. B、C、E。本题考核的是桩基础施工方法与设备选择。城市桥梁工程常用的桩基础通常可分为沉入桩基础和灌注桩基础，按成桩施工方法又可分为：沉入桩、钻孔灌注桩、人工挖孔桩。

25. A、B、E。本题考核的是常用的洞口土体的加固方法。国内较常用的盾构法隧道始发洞口土体加固方法是深层搅拌法、高压旋喷注浆法、冻结法（或称冷冻法）。

26. C、D、E。本题考核的是喷锚暗挖法施工技术要求。喷锚暗挖（矿山）法开挖方式与选择条件见表3。

表 3 喷锚暗挖（矿山）法开挖方式与选择条件

施工方法	选择条件比较					
	结构与适用地层	沉降	工期	防水	初期支护拆除量	造价
全断面法	地层好，跨度≤8m	一般	最短	好	无	低
正台阶法	地层较差，跨度≤10m	一般	短	好	无	低
环形开挖预留核心土法	地层差，跨度≤12m	一般	短	好	无	低
单侧壁导坑法	地层差，跨度≤14m	较大	较短	好	小	低
双侧壁导坑法	小跨度，连续使用可扩大跨度	较大	长	效果差	大	高
中隔壁法（CD 工法）	地层差，跨度≤18m	较大	较短	好	小	偏高
交叉中隔壁法（CRD 工法）	地层差，跨度≤20m	较小	长	好	大	高
中洞法	小跨度，连续使用可扩成大跨度	小	长	效果差	大	较高
侧洞法	小跨度，连续使用可扩成大跨度	大	长	效果差	大	高
柱洞法	多层多跨	大	长	效果差	大	高
洞桩法	多层多跨	较大	长	效果差	较大	高

27. B、D。本题考核的是污水处理方法与工艺。生物处理法是利用微生物的代谢作用，去除污水中有机物质的方法，常用的有活性污泥法、生物膜法等。

28. A、B、D、E。本题考核的是疏水阀在蒸汽管网中的作用。疏水阀安装在蒸汽管道的末端或低处，主要用于自动排放蒸汽管路中的凝结水，阻止蒸汽逸漏和排除空气等非凝性气体，对保证系统正常工作，防止凝结水对设备的腐蚀以及汽水混合物对系统的水击等均有重要作用。

29. B、C、D。本题考核的是燃气管道穿越高速公路和城镇主要干道时设置套管的要求。穿越高速公路的燃气管道的套管、穿越城镇主要干道的燃气管道的套管或地沟应满足的要求有：（1）套管内径应比燃气管道外径大 100m 以上，套管或地沟两端应密封，在重要地段的套管或地沟端部宜安装检漏管；（2）套管端部距电车边轨不应小于 2.0m；距道路边缘不应小于 1.0m；（3）燃气管道宜垂直穿越高速公路和城镇主要干道。

30. B、D、E。本题考核的是桩端持力层判别措施。对于桩端持力层为强风化岩或中风化岩的桩，判定岩层界面难度较大，可采用以地质资料的深度为基础，结合钻机的受力、主动钻杆的抖动情况和孔口捞样进行综合判定，必要时进行原位取芯验证。

三、实务操作和案例分析题

（一）

1. 挡土墙结构形式为钢筋混凝土扶壁式。

构造 A 的名称为反滤层（反滤包），其作用是排水并防止墙背填土流失（滤土排水、过滤土体）。

2. 事件 1 中，预制墙面板安装条件：①挡墙基础达到预定强度；②预制墙面板检验合格；③现场具备吊运条件（安装条件）。

挡墙施工工艺流程为：②→④→③→①→⑥→⑤。

3. 事件2中，路面板基底脱空非开挖式处理最常用的方法是注浆（灌浆）法。

需要通过试验确定的参数为：注浆压力、初凝时间（凝固时间）、注浆流量、浆液扩散半径等。

4. 事件2中，在既有水泥混凝土路面上加铺沥青面层前，项目部还需完成的工序：

工序①中对既有水泥混凝土路面层的裂缝清理干净（修补裂缝），并采取防反射裂缝措施（铺设土工格栅、玻璃纤维）。

工序②中查明检查井沉陷原因并修缮（加固），为配合沥青面层加铺调整检查井高程。

工序③中清理水泥混凝土路面，洒布沥青粘层油。

5. 事件3中，雨期面层施工质量控制措施还需补充：

（1）雨期应缩短施工工期（合理划分段落、平行作业等可以缩短工期的措施均可）。

（2）雨期施工做到及时摊铺、及时完成碾压。

（3）沥青混合料运输车辆应有防雨措施（如覆盖等具体措施均可）。

（二）

1. A为泥浆制备及处理系统，B为基座导轨。

2. 工作井宜布置在下游，从下游往上游顶。

原因：（1）依据《给水排水工程顶管技术规程》CECS 246：2008中第10.1.1条第6款；当管线坡度较大时，工作井宜设置在管线埋置较深一端，接收井宜设置在管线埋置较浅一端。

（2）便于排水、排泥。

（3）方便出土运输和运输。

（4）减少水质污染，保障环境安全。

（5）利于施工过程中的管道铺设和施工安全。

3. 对周边环境需监测的内容：

（1）监测既有建筑物倾斜开裂和竖向位移、地面开裂或隆起、道路沉降。

（2）监测邻近管线变形、地下水位、地层土水平位移及空隙水土压力。

4. 修改项目部制定的三项技术措施中不正确之处：

不正确之处一：更换大顶力千斤顶，不正确；

修改：应用减阻泥浆（触变泥浆套）减少顶进阻力或设置中继间。

不正确之处二：软硬土顶进时加强管道测量和机头控制，不正确；

修改：应将前3~5节管道与顶管机连成一体，并加强监测频率，改良界面土体。

不正确之处三：管线偏移量达到允许值时纠偏，不正确；

修改：管线发生偏移及时纠偏，遵循勤纠及时小角度的原则。

（三）

1. 图3中工序A、B的名称分别为：

（1）A为导向孔钻进（或钻导向孔）。

（2）B为管道强度试验（或水压、气压试验）。

2. 本工程燃气管道压力级别为：中压A级。

根据《城镇燃气输配工程施工及验收标准》GB/T 51455—2023规定，中压及其以下燃气钢管焊接接头进行焊缝质量检验时，检验内容应包括外观检查和无损检测，检查数量及合格标准应符合设计文件要求。设计无要求时，应按下列规定执行：

（1）外观检查：检查数量100%，合格标准Ⅱ。（2）射线检测：检查数量≥30%，合格标准Ⅲ。

3. 直埋段管道下沟前，质检员还应补充的检测项目：外观质量，防腐层完整性（或防腐层连续性、电绝缘性）。

对补充的检查项目应采用的检测方法：电火花检漏仪100%检漏（或电火花检漏仪逐根连续测量）。

4. 为保证施工和周边环境安全，编制定向钻专项方案前还需做好的调查工作包括：用仪器探测地下管线、调查周边构筑物；采用坑探方式现场核实不明地下管线的埋深和位置，采用探地雷达探测道路空洞、疏松情况。

5. 塌孔对周边环境可能造成的影响：泥浆窜漏（或冒浆）、地面沉降，既有管线变形。

项目部还应采取以下措施来控制塌孔：调整泥浆配合比（或增加黏土含量），改变泥浆材料（或加入聚合物），提升泥浆性能，达到避免塌孔、稳定孔壁的作用；采用分级、分次扩孔方法，严格控制扩孔回拉力、转速，确保成孔稳定和线形要求。

（四）

1. 甲乙可通过联合体、专业分包或委托加工（采购）等途径实现合作。

乙单位应具有钢结构制作资质及安装（施工）资质。

2. 钢梁制作加工工艺流程中，A的名称对应③；B的名称对应⑤；C的名称对应⑦；D的名称对应⑧。

3. 构造物E名称：钢管柱（或临时支架、承重支架、支承架）；

作用：对两拼接梁段进行临时支承，方便连接梁体，减少结构变形。

4. 构造物E应具有足够的强度（承载力）、刚度和稳定性。

5. 本工程涉及的危大工程可能有：基坑开挖支护及降水、模板支撑工程、起重吊装工程、钢结构安装工程、脚手架工程、预应力张拉工程。

6. 本工程中钢梁安装最适宜的方法：自行式吊机整孔架设和拖拉架设法。

（五）

1. 基坑降水的作用是：

（1）减小底部承压水头压力，防止坑底突涌。

（2）增加边坡的稳定性，防止边坡或基底土粒流失。

（3）便于机械挖土、土方外运、坑内施工作业。

（4）提高土体抗剪强度与基坑稳定性。

（5）截住坡面及基底的渗水。

（6）减少工程坍塌和淹没风险，提升施工安全性。

2. （1）基坑开挖深度为：8.6−1.5+0.1=7.2m。

（2）依据相关规定，基坑开挖深度达到5m的开挖、支护、降水工程需要组织专家论证，基坑开挖深度为7.2m，超过了5m，故基坑开挖和降水需要专家论证。

（3）至少需要5名。

（4）论证结果“直接实施”不正确；

理由：专项方案经过论证修改后审批通过，再由专项方案编制人员或项目技术负责人向施工现场管理人员进行方案交底，施工管理人员再向作业人员进行安全技术交底，并留双方及专职安全员签字确认。

3.（1）1号块底板混凝土浇筑方量：

底板混凝土方量：$49.5\times24.5\times0.6=727.65m^3$；

腋角及池壁部分面积：$(0.5+0.8)\times0.3/2+0.2\times0.5=0.295m^2$；

池壁长度：$49.5+24=73.5m$；

总方量为：$727.65+0.295\times73.5=749.33m^3$。

（2）抗压试块：749.33/100=7.4933，应预留8组。

（3）抗渗试块：749.33/500=1.49866，应预留2组。

4. 判断窗口层高、净距、每层窗口安装时间及混凝土养护是否存在错误之处：

（1）“窗口的层高为2.5m”正确（分层留置的窗口的层高不宜超过3m）。

（2）“水平净距为3m”错误；

改正：水平净距不宜超过1.5m。

（3）“安装每层窗口模板的时间不超过前一层混凝土的终凝时间”错误；

改正：安装每层窗口模板的时间不超过前一层混凝土的初凝时间。

（4）“对结构进行了7d养护”错误；

改正：养护时间不少于14d。

5. A的名称为：水池注水；B的名称为：蒸发量测定。

6. 现浇水池进行满水试验时，池内注水要求包括：

（1）向池内注水应分3次进行，每次注水为设计水深的1/3。对大、中型池体，可先注水至池壁底部施工缝以上，检查底板抗渗质量，当无明显渗漏时，再继续注水至第一次注水深度。

（2）注水时水位上升速度不宜大于2m/d，相邻两次注水的间隔时间不应小于24h。

（3）每次注水宜测读24h的水位下降值，计算渗水量，在注水过程中和注水以后，应对池体做外观检查和沉降量观测。当发现渗水量或沉降量过大时，应停止注水。待做出妥善处理后继续注水。

（4）设计有特殊要求时，应按设计要求执行。

《市政公用工程管理与实务》
考前冲刺试卷（三）及解析

《市政公用工程管理与实务》考前冲刺试卷（三）

一、单项选择题（共20题，每题1分。每题的备选项中，只有1个最符合题意）

1. 城市主干道沥青路面不宜采用（　　）。

A. SMA　　B. 温拌沥青混合料

C. 冷拌沥青混合料　　D. 抗车辙沥青混合料

2. 与悬浮—密实结构的沥青混合料相比，关于骨架—空隙结构的黏聚力和内摩擦角的说法，正确的是（　　）。

A. 黏聚力大，内摩擦角大　　B. 黏聚力大，内摩擦角小

C. 黏聚力小，内摩擦角大　　D. 黏聚力小，内摩擦角小

3. 下列原则中，不属于土质路基压实原则的是（　　）。

A. 先低后高　　B. 先快后慢

C. 先轻后重　　D. 先静后振

4. 热轧钢筋接头宜采用（　　）接头。

A. 绑扎连接　　B. 法兰连接

C. 螺纹连接　　D. 焊接

5. 当基坑开挖较浅且未设支撑时，围护墙体水平变形表现为（　　）。

A. 墙顶位移最大，向基坑方向水平位移

B. 墙顶位移最大，背离基坑方向水平位移

C. 墙底位移最大，向基坑方向水平位移

D. 墙底位移最大，背离基坑方向水平位移

6. 地铁区间隧道结构采用盾构法施工时，下列关于施工设施设置的说法，错误的是（　　）。

A. 采用土压平衡盾构施工时，应设置电机车电瓶充电间等设施

B. 工作井施工不需要采取降水措施

C. 采用气压法施工时，施工现场应设置空压机房

D. 采用泥水平衡式盾构时，施工现场应设置泥浆处理系统及泥浆池

7. 关于隧道全断面暗挖法施工特点的说法，错误的是（　　）。

A. 优点是可减少开挖对围岩的扰动次数

B. 缺点是对地质条件要求严格，围岩必须有足够的自稳能力

C. 自上而下一次开挖成形并及时进行初期支护

D. 适用于地表沉降难以控制的隧道施工

8. 原水水质较好时，城镇给水处理应采用的工艺流程为（　　）。

A. 原水→筛网隔滤或消毒　　B. 原水→接触过滤→消毒

C. 原水→沉淀→过滤　　D. 原水→调蓄预沉→澄清

9. 某贮水池设计水深 6m，满水试验时，池内注满水所需最短时间为（　　）d。

A. 3.5　　B. 4.0

C. 4.5　　D. 5.0

10. 施工精度高、适用各种土层的不开槽管道施工方法是（　　）。

A. 夯管　　B. 水平定向钻

C. 浅埋暗挖　　D. 密闭式顶管

11. 供热管道施工前的准备工作中，组织编制施工组织设计和施工方案，履行相关的审批手续属于（　　）准备。

A. 技术　　B. 设计

C. 物资　　D. 现场

12. 穿越铁路的燃气管道应在套管上装设（　　）。

A. 放散管　　B. 排气管

C. 检漏管　　D. 排污管

13. 生活垃圾填埋场一般应选在（　　）。

A. 直接与航道相通的地区　　B. 石灰坑及熔岩区

C. 当地夏季主导风向的上风向　　D. 远离水源和居民区的荒地

14. 市政公用工程施工中，每一个单位（子单位）工程完成后，应进行（　　）测量。

A. 竣工　　B. 复核

C. 校核　　D. 放灰线

15. 由于不可抗力事件导致的费用中，属于承包人承担的是（　　）。

A. 工程本身的损害　　B. 施工现场用于施工的材料损失

C. 承包人施工机械设备的损坏　　D. 工程所需清理、修复费用

16. 交通导行方案设计原则不包括（　　）。

A. 必须周密考虑各种因素，满足社会交通流量，保证高峰期的要求

B. 遵循公平合理经济的原则

C. 遵循占一还一的原则

D. 导行图应与现场平面布置图协调一致

17. 关于水泥混凝土面层施工的说法，错误的是（　　）。

A. 模板的选择应与摊铺施工方式相匹配

B. 摊铺厚度应符合不同的施工方式要求

C. 抹面时应一次完成，严禁在面板上洒水、撒水泥粉

D. 运输车辆要有防止混合料漏浆和离析的措施

18. 混凝土拌合时的重要控制参数是（　　）。

A. 搅拌机的数量　　B. 搅拌机的容量

C. 混凝土的质量　　　　D. 搅拌的时间

19. 钢筋混凝土管片不得有内外贯通裂缝和宽度大于（　　）mm 的裂缝及混凝土剥落现象。

A. 0.1　　　　B. 0.2

C. 0.5　　　　D. 0.8

20. 下列安全检查内容中，属于季节性检查的是（　　）。

A. 临时用电检查　　　　B. 防洪防汛检查

C. 防护设施检查　　　　D. 班组班前检查

二、多项选择题（共 10 题，每题 2 分。每题的备选项中，有 2 个或 2 个以上符合题意，至少有 1 个错项。错选，本题不得分；少选，所选的每个选项得 0.5 分）

21. 关于城镇道路大修维护技术要求的说法，正确的有（　　）。

A. 通过检查旧路外观确定旧路处理和加铺方案

B. 在旧水泥混凝土路面加铺沥青面层前应洒布粘层油

C. 在旧沥青路面加铺沥青面层前应洒布透层油

D. 加铺沥青面层前采用同级水泥浆填满旧水泥混凝土板缝

E. 对于局部破损的水泥面板，不必整块凿除重新浇筑

22. 关于石灰稳定土基层运输与摊铺的说法，正确的有（　　）。

A. 运输中应采取防止水分蒸发和防扬尘措施

B. 宜在春末和气温较高季节施工

C. 施工最低气温为 5℃

D. 厂拌石灰土类混合料摊铺时路床不应润湿

E. 降雨时应停止施工，已摊铺的应尽快碾压密实

23. 现浇钢筋混凝土预应力箱梁模板支架刚度验算时，在冬期施工的荷载组合包括（　　）。

A. 模板、支架自重　　　　B. 现浇箱梁自重

C. 施工人员、堆放施工材料荷载　　　　D. 风雪荷载

E. 倾倒混凝土时产生的水平冲击荷载

24. 钢—混凝土结合梁混凝土桥面浇筑所采用的混凝土宜具有（　　）性能。

A. 缓凝　　　　B. 早强

C. 补偿收缩性　　　　D. 速凝

E. 自密实

25. 地铁车站明挖基坑采用钻孔灌注桩围护结构时，围护施工常采用的成孔设备有（　　）。

A. 水平钻机　　　　B. 螺旋钻机

C. 夯管机　　　　D. 冲击式钻机

E. 正反循环钻机

26. 现浇施工水处理构筑物的构造特点有（　　）。

A. 构件断面较薄　　　　B. 配筋率较低

C. 抗渗要求高　　　　D. 整体性要求高

E. 满水试验为主要功能性试验

27. 关于预制拼装给水排水构筑物现浇板缝施工说法，正确的有（　　）。

A. 浇筑时间应根据气温和混凝土温度选在壁板间缝宽较小时进行

B. 外模应分段随浇随支

C. 内模一次安装到位

D. 用于拼缝的砂浆宜采用微膨胀水泥

E. 板缝混凝土应与壁板混凝土强度相同

28. 城市管道检查主要方法包括（　　）等。

A. 人工检查法　　B. 自动监测法

C. 分区检测法　　D. 区域泄漏普查系统法

E. 综合检查法

29. 垃圾卫生填埋场的填埋区工程中单层防渗系统的结构物主要有（　　）。

A. 渗沥液收集导排系统　　B. 防渗系统

C. 排放系统　　D. 回收系统

E. 基础层

30. 沥青混合料面层施工质量验收的主控项目有（　　）。

A. 原材料　　B. 压实度

C. 面层厚度　　D. 平整度

E. 弯沉值

三、实务操作和案例分析题（共5题，（一）、（二）、（三）题各20分，（四）、（五）题各30分）

（一）

背景资料：

某单位承建一钢厂主干道钢筋混凝土道路工程，道路全长1.2km，红线宽46m，路幅分配如图1所示。雨水主管敷设于人行道下，管道平面布置如图2所示。该路段地层富水，地下水位较高，设计单位在道路结构层中增设了200mm厚级配碎石层。项目部进场后按文明施工要求对施工现场进行了封闭管理，并在现场进口处挂有“五牌一图”。

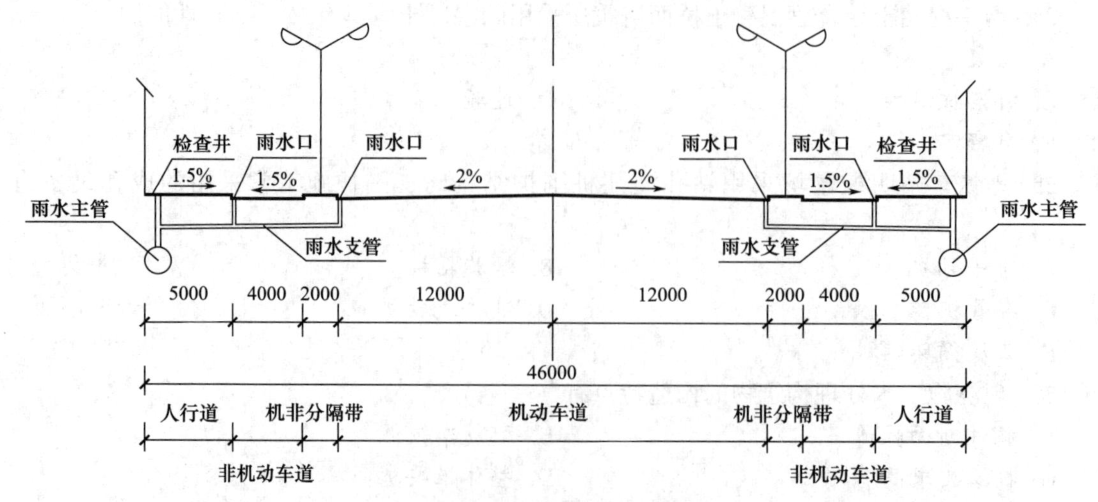

图1　三幅路横断面示意图（单位：mm）

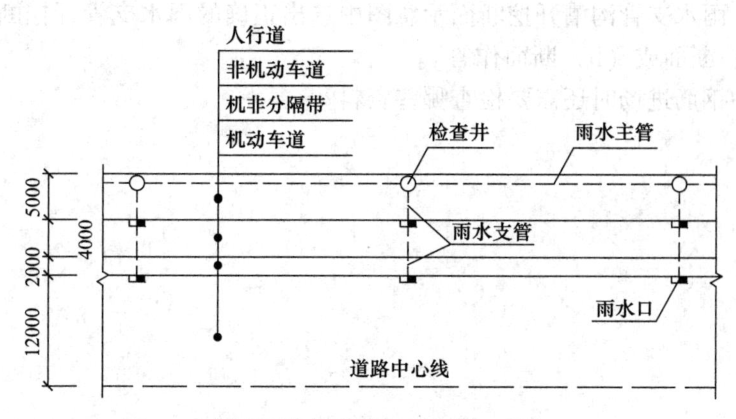

图 2　半幅路雨水管道平面示意图（单位：mm）

道路施工过程中发生如下事件：

事件 1：路基验收完成已是深秋，为在冬期到来前完成水泥稳定碎石基层施工，项目部经过科学组织，优化方案，集中力量，按期完成基层分项工程的施工任务，同时做好了基层的防冻覆盖工作。

事件 2：基层验收合格后，项目部采用开槽法进行 *DN*300mm 的雨水支管施工，雨水支管沟槽开挖断面如图 3 所示。槽底浇筑混凝土基础后敷设雨水支管，最后浇筑 C25 混凝土对支管进行全包封处理。

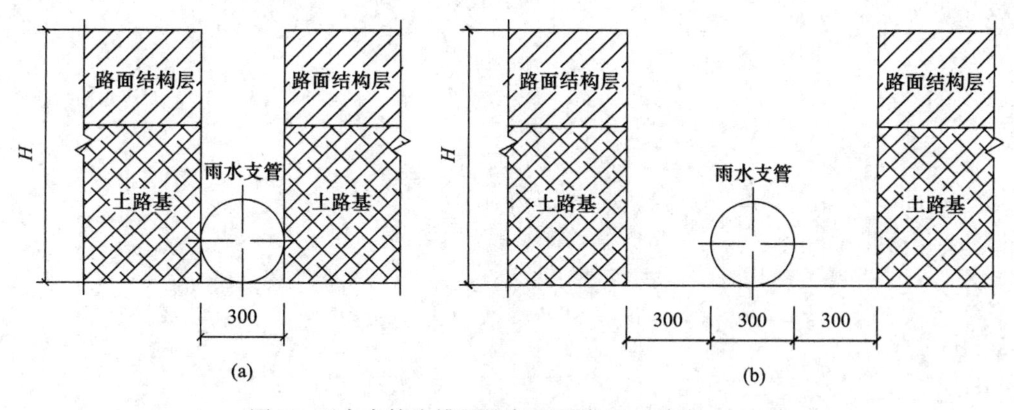

图 3　雨水支管沟槽开挖断面示意图（单位：mm）

事件 3：雨水支管施工完成后，进入了面层施工阶段，在钢筋进场时，实习材料员当班检查了钢筋的品种、规格，均符合设计和国家现行标准规定，经复试（含见证取样）合格，却忽略了供应商没能提供的相关资料，便将钢筋投入现场施工。

问题：

1. 设计单位增设的 200mm 厚级配碎石层应设置在道路结构中的哪个层次？说明其作用。

2. “五牌一图”具体指哪些牌和图？

3. 请写出事件 1 中进入冬期施工的气温条件是什么？并写出基层分项工程应在冬期施工到来之前多少天完成。

4. 请在图3雨水支管沟槽开挖断面示意图中选出正确的雨水支管开挖断面形式［开挖断面形式用（a）断面或（b）断面作答］。

5. 事件3中钢筋进场时还需要检查哪些资料？

（二）

背景资料：

某市区新建道路上跨一条运输繁忙的运营铁路，需设置一处分离式立交，铁路与新建道路交角 $\theta=44°$，该立交左右幅错孔布设，两幅间设 50cm 缝隙。桥梁标准宽度为 36.5m，左右幅桥梁全长均为 120m（60m+60m）如图 4 所示，左右幅孔跨布置均为两跨一联预应力混凝土单箱双室箱梁，箱梁采用满堂支架现浇施工的方法。梁体浇筑完成后，整体 T 形结构转体归位如图 5 所示。邻近铁路埋有现状地下电缆管线，埋深 50cm，施工中将有大型混凝土送运车，钢筋运输车辆通过。

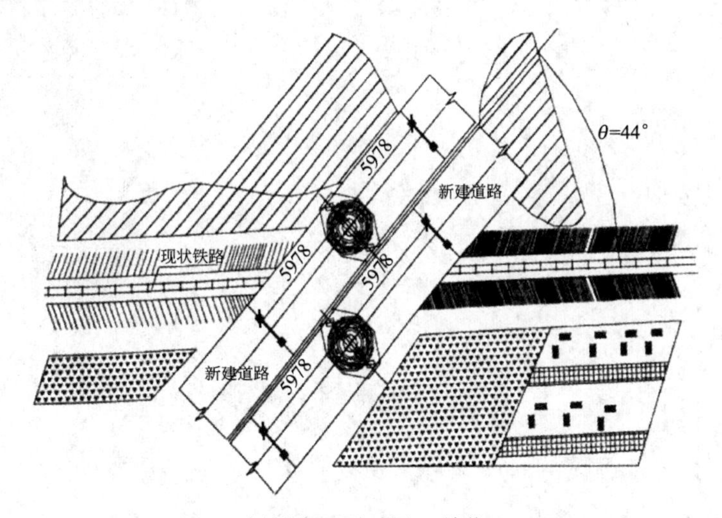

图 4　桥梁位置平面图（单位：cm）

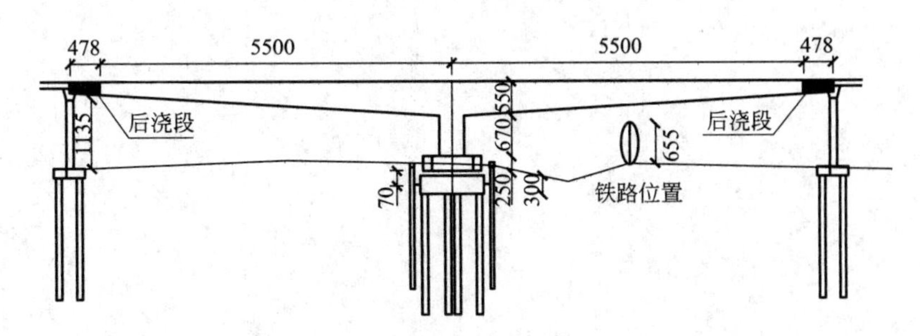

图 5　梁体纵断面图（单位：cm）

工程中标后，施工单位立即进驻现场。因工期紧张，施工单位总部向其所属项目部下达立即开工指令，要求项目部根据现场具体情况，施工一切可以施工的部位，确保桥梁转体这一窗口节点的实现。

本工程施工组织设计中，施工单位提出如下建议："因两幅桥梁结构相同，建议只对其中一幅桥梁支架进行预压，取得详细数据后，可以作为另一幅桥梁支架施工的指导依据。"经驻地监理工程师审阅同意后，上报总监理工程师审批，施工组织设计被批准。

问题：

1. 施工单位进场开工的程序是否符合要求？写出本工程进场开工的正确程序。

2. 施工组织设计中的建议是否合理？说明理由。简述施工组织设计的审批程序？

3. 该项目开工前应对施工管理人员及施工作业人员进行必要的培训有哪些？

4. 大型施工机械通过施工范围现状地下电缆管线上方时，应与何单位取得联系？需要完成的手续和采取的措施是什么？

5. 现浇预应力箱梁施工时，侧模和底模应在何时拆除？

（三）

背景资料：

地铁工程某标段包括 A、B 两座车站以及两座车站之间的区间隧道，如图 6 所示，区间隧道长 1500m，设 2 座联络通道，隧道埋深为 1～2 倍隧道直径，地层为典型的富水软土，沿线穿越房屋、主干道路及城市管线等，区间隧道采用盾构法施工，联络通道采用冻结加固暗挖施工。

本标段由甲公司总承包，施工过程中发生下列事件：

事件 1：甲公司将盾构掘进施工（不含材料和设备）分包给乙公司，联络通道冻结加固施工（含材料和设备）分包给丙公司。建设方委托第三方进行施工环境监测。

事件 2：在 1 号联络通道暗挖施工过程中发生局部坍塌事故，导致停工 10d，直接经济损失 100 万元。事发后进行了事故调查，认定局部冻结强度不够是导致事故的直接原因。

事件 3：丙公司根据调查报告，并综合分析现场情况后决定采取补打冻结孔、加强冻结等措施，并向甲公司项目部和监理工程师进行了汇报。

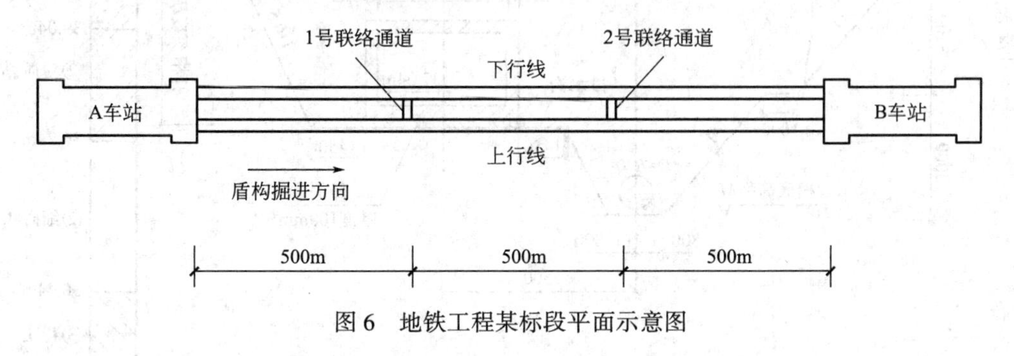

图 6　地铁工程某标段平面示意图

问题：

1. 结合本工程特点简述区间隧道选择盾构法施工的理由。

2. 盾构掘进施工环境监测内容应包括哪些？

3. 事件 1 中甲公司与乙、丙公司分别签订哪些分包合同？

4. 在事件 2 所述的事故中，甲公司和丙公司分别承担何种责任？

5. 冻结加固专项施工方案应由哪个公司编制？事件 3 中恢复冻结加固施工前需履行哪些程序？

（四）

背景资料：

某公司承建某城市道路综合市政改造工程，总长 2.17km，道路横断面为三幅路形式，主路机动车道为改性沥青混凝土面层，宽度 18m，同期敷设雨水、污水等管线。污水干线采用 HDPE 双臂波纹管，管道直径 D 为 600～1000mm，雨水干线为 3600mm×1800mm 钢筋混凝土箱涵，底板、围墙结构厚度均为 300mm。

管线设计为明开槽施工，自然放坡，雨、污水管线采用合槽方法施工，如图 7 所示，无地下水，由于开工日期滞后，工程进入雨期实施。

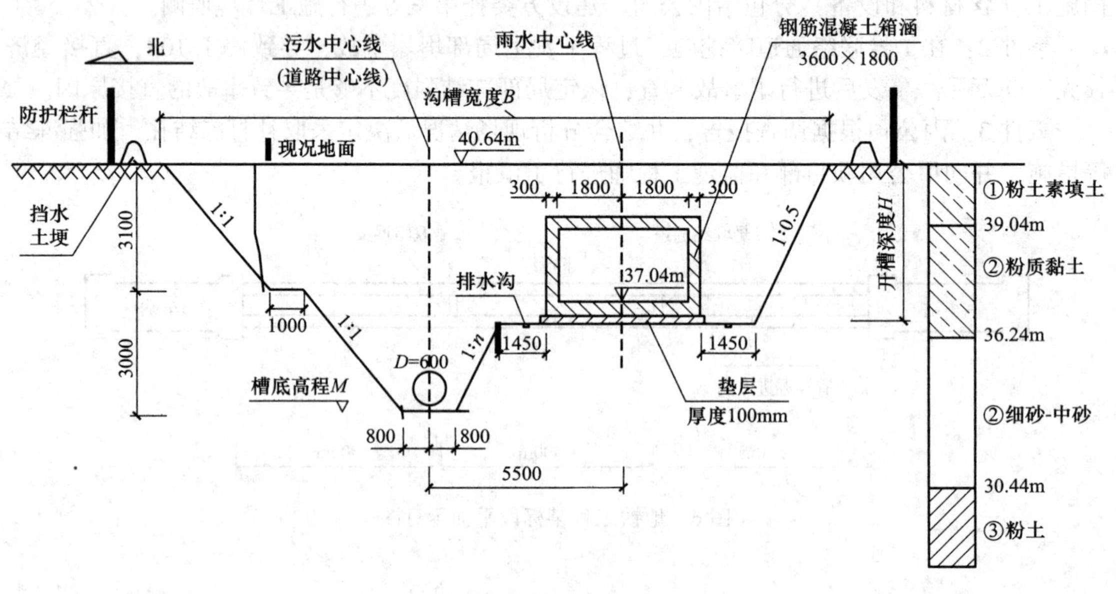

图 7 沟槽开挖断面图

（高程单位：m，其他单位：mm）

沟槽开挖完成后，污水沟槽南侧边坡出现局部坍塌，为保证边坡稳定，减少对箱涵结构施工影响，项目部对南侧边坡采取措施处理。

为控制污水 HDPE 管道在回填过程中发生较大的变形、破损，项目部决定在回填施工中采取管内架设支撑，加强成品保护等措施。

项目部分段组织道路沥青底面层施工，并细化横缝处理等技术措施，主路改性沥青面层采用多台摊铺机呈梯队式，全幅摊铺，压路机按试验确定的数量、组合方式和速度进行碾压，以保证路面成型平整度和压实度。

问题：

1. 根据图 7，列式计算雨水管道开槽深度 H、污水管道槽底高程 M 和沟槽宽度 B（单位为 m）。

2. 根据图 7，指出污水沟槽南侧边坡的主要地层，并列式计算其边坡坡度中的 n 值（保留小数点后 2 位）。

3. 试分析该污水沟槽南侧边坡坍塌的可能原因？并列出可采取的边坡处理措施。

4. 为控制 HDPE 管道变形，项目部在回填中还应采取哪些技术措施？

5. 试述沥青底面层横缝处理措施。

6. 沥青路面压实度有哪些测定方法？试述改性沥青面层振动压实还应注意遵循哪些原则？

（五）

背景资料：

某公司承建一座城市跨河非通航桥梁，该桥由主桥、南引桥和北引桥组成。主桥共三跨，上部结构采用预应力混凝土简支T梁；南、北引桥各一跨，上部结构均采用等截面预应力空心板梁。桥墩基础均采用钻孔灌注桩，每个承台下桩基布置数量相同，桩径均为1.0m。桥墩采用柱式桥墩，采用钢板桩围堰施工。桥台采用重力式桥台，扩大基础。桥面系护栏采用钢筋混凝土防撞护栏。河道洪水位（最高水位含浪高）高程为6.000m。桥梁纵断面布置图、横断面布置图分别如图8、图9所示。

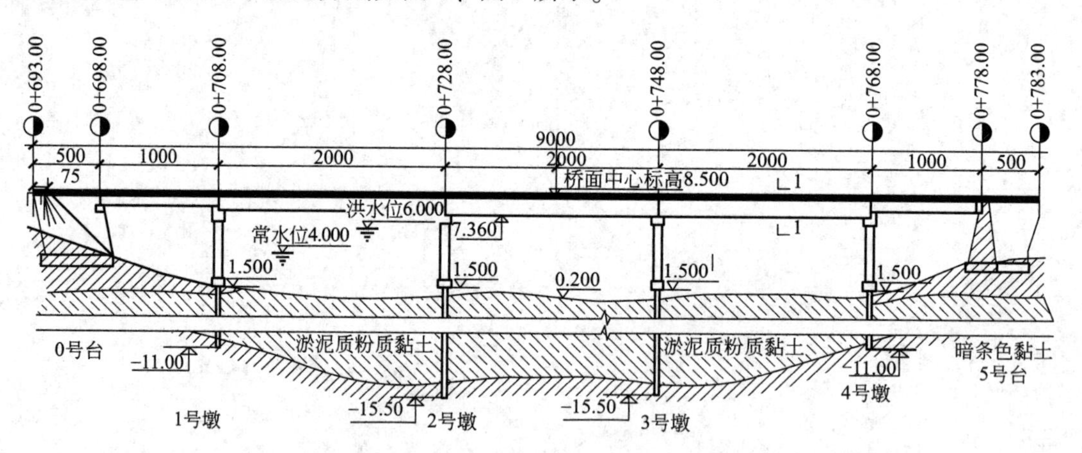

图8　桥梁纵断面布置图（高程单位：m；尺寸单位：cm）

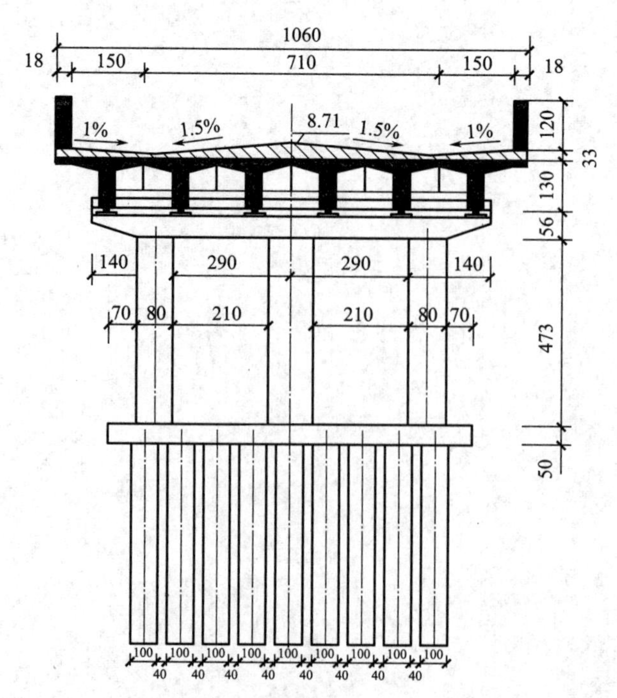

图9　主桥墩柱横断面布置图（尺寸单位：cm）

施工过程中发生如下事件：

事件 1：桩基混凝土设计强度等级 C35，项目部采用商品混凝土，单价 400 元/m^2，每根桩超灌高度为 0.5m，施工过程中混凝土损耗系数为 15%。在搅拌地点测得混凝土坍落度为 220mm，混凝土到场后，现场实测坍落度为 120mm，项目部以搅拌地点测值为准，认为混凝土坍落度符合要求，然后开始混凝土灌注，首灌混凝土导管埋深为 0.5m，正常灌注时导管埋深为 8m。

事件 2：项目部将 T 梁预制工作委托给当地梁场劳务队伍施工，梁场派驻专职技术人员进行质量控制，梁场每 7 天预制 3 片 T 梁，为保证工程质量，项目部采取预制完成所有 T 梁后统一运输安装的施工方案，安装方式采用起重机吊装，每天可运输并安装 6 片 T 梁。

事件 3：工程完工后，项目部立即通知市场监督管理部门对工程质量进行竣工预验收。在对施工资料检查过程中发现，灌注桩工程和现浇混凝土墩台工程由专业监理工程师组织验收；现浇混凝土墩台模板与支架工程、钢筋工程、混凝土工程由监理员组织验收。

问题：

1. 根据图 8，列式计算该桥多孔跨径总长，并根据计算结果指出该桥所属的桥梁分类。
2. 计算钢板桩围堰高程至少应为多少米。
3. 事件 1 中，列式计算全桥桩基础工程所消耗商品混凝土的总费用（单位：万元，结果保留 2 位有效数字）。
4. 事件 1 中，改正项目部桩基混凝土灌注过程的不妥之处。
5. 事件 2 中，计算主桥 T 梁从预制到安装完成所需要的工期。
6. 事件 3 中，请改正施工质量验收的错误之处。

考前冲刺试卷（三）参考答案及解析

一、单项选择题

1. C；	2. C；	3. B；	4. D；	5. A；
6. B；	7. D；	8. A；	9. D；	10. D；
11. A；	12. C；	13. D；	14. A；	15. C；
16. B；	17. C；	18. D；	19. B；	20. B。

【解析】

1. C。本题考核的是沥青路面面层类型的适用范围。SMA、温拌沥青混合料、抗车辙沥青混合料均适用于各种等级道路的面层；冷拌沥青混合料适用于支路及其以下道路的面层、支路的表面层，以及各级沥青路面的基层、连接层或整平层；冷拌改性沥青混合料可用于沥青路面的坑槽冷补。

2. C。本题考核的是骨架—空隙结构沥青混合料。悬浮—密实结构的沥青混合料具有较大的黏聚力，但内摩擦角较小，高温稳定性较差。骨架—空隙结构的沥青混合料内摩擦角较大，但黏聚力较低。

3. B。本题考核的是土质路基的压实原则。土质路基压实原则：先轻后重、先静后振、先低后高、先慢后快，轮迹重叠。

4. D。本题考核的是钢筋连接。热轧钢筋接头宜采用焊接接头或机械连接接头。

5. A。本题考核的是基坑的变形控制。当基坑开挖较浅，还未设支撑时，不论对刚性墙体还是柔性墙体，均表现为墙顶位移最大，向基坑方向水平位移，呈三角形分布。

6. B。本题考核的是盾构法施工现场的设施布置。施工设施设置：（1）工作井施工需要采取降水措施时，应设相当规模的降水系统（水泵房）。因此选项 B 错误。（2）采用气压法盾构施工时，施工现场应设置空压机房，以供给足够的压缩空气。因此选项 C 正确。（3）采用泥水平衡盾构施工时，施工现场应设置泥浆处理系统（中央控制室）、泥浆池。因此选项 D 正确。（4）采用土压平衡盾构施工时，应设置电机车电瓶充电间等设施。因此选项 A 正确。

7. D。本题考核的是全断面开挖法的特点。（1）全断面开挖法的优点是可以减少开挖对围岩的扰动次数，有利于围岩天然承载拱的形成，工序简便；缺点是对地质条件要求严格，围岩必须有足够的自稳能力。因此选项 A、B 正确。（2）全断面开挖法采取自上而下一次开挖成型，沿着轮廓开挖，按施工方案一次进尺并及时进行初期支护。因此选项 C 正确。（3）全断面开挖法适用于土质稳定、断面较小的隧道施工，适宜人工开挖或小型机械作业。因此选项 D 错误；单侧壁导坑法适用于断面跨度大，地表沉降难以控制的软弱松散围岩中隧道施工。

8. A。本题考核的是城镇给水常用的处理工艺流程及适用条件。城镇给水常用的处理工艺流程及适用条件见表 1。

表1　城镇给水常用的处理工艺流程及适用条件

工艺流程	适用条件
原水→简单处理(如筛网隔滤或消毒)	水质较好,浊度几十或几百NTU的地表水
原水→接触过滤→消毒	一般用于处理浊度和色度较低的湖泊水和水库水,进水悬浮物一般小于100NTU,水质稳定、变化小且无藻类繁殖
原水→混凝→沉淀或澄清→过滤→消毒	一般地表水处理厂广泛采用的常规处理流程,适用于浊度小于3NTU河流水。河流小溪水浊度通常较低,洪水时含沙量大,可采用此流程对低浊度无污染的水不加凝聚剂或跨越沉淀直接过滤
原水→调蓄预沉→混凝→沉淀或澄清→过滤→消毒	高浊度水二级沉淀,适用于含沙量大,沙峰持续时间长,预沉后原水含沙量应降低到1000NTU以下,黄河中上游的中小型水厂和长江上游高浊度水处理多采用二级沉淀(澄清)工艺,适用于中小型水厂,有时在滤池后建造清水调蓄池

9. D。本题考核的是水池满水试验。池内注水要求：(1) 向池内注水应分3次进行，每次注水为设计水深的1/3。对大、中型池体，可先注水至池壁底部施工缝以上，检查底板抗渗质量，当无明显渗漏时，再继续注水至第一次注水深度。(2) 注水时水位上升速度不宜超过2m/d。相邻两次注水的间隔时间不应小于24h。(3) 每次注水宜测读24h的水位下降值，计算渗水量，在注水过程中和注水以后，应对池体做外观检查和沉降量观测。当发现渗水量或沉降量过大时，应停止注水。待作出妥善处理后继续注水。所以该贮水池注水分3次进行，每次时间为1d，相邻两次注水的间隔为1d，因此，该水池内注满水所需最短时间为5d。

10. D。本题考核的是不开槽施工法与适用条件。(1) 夯管的适用地质条件是含水地层不适用，砂卵石地层困难，工法优点是施工速度快、成本较低。因此选项A不符合题意要求。(2) 水平定向钻的适用地质条件是砂卵石及含水地层不适用，工法优点是施工速度快。因此选项B不符合题意要求。(3) 浅埋暗挖的适用地质条件是各种土层，工法优点是适用性强。因此选项C不符合题意要求。(4) 密闭式顶管适用地质条件是各种土层，工法优点是施工精度高。因此选项D符合题意要求。

11. A。本题考核的是供热管道施工前的技术准备。供热管道施工前的技术准备：(1) 施工单位应在施工前取得设计文件、工程地质和水文地质等资料，组织工程技术人员熟悉施工图纸，进行图纸会审并参加设计交底会。(2) 应根据工程的规模、特点和施工环境条件，进行充分的项目管理策划，并组织编制施工组织设计和施工方案，履行相关的审批手续。因此本题选A。

12. C。本题考核的是燃气管道穿越构建筑物的规定。穿越铁路的燃气管道的套管两端与燃气管的间隙应采用柔性的防腐、防水材料密封，其一端应装设检漏管。

13. D。本题考核的是垃圾填埋场选址的要求。垃圾填埋场必须远离饮用水源，尽量少占良田，利用荒地和当地地形；一般选择在远离居民区的位置，因此D选项正确。生活垃圾填埋场应设在当地夏季主导风向的下风向，因此C选项错误。

生活垃圾填埋场不得建在下列地区：

(1) 生活饮用水水源保护区，供水远景规划区。

(2) 洪泛区和泄洪道，因此A选项不选。

（3）尚未开采的地下蕴矿区和岩溶发育区，因此C选项不选。

（4）自然保护区。

（5）文物古迹区，考古学、历史学及生物学研究考察区。

14. A。本题考核的是竣工图的编绘。在市政公用工程施工过程中，在每一个单位（子单位）工程完成后，应该进行竣工测量，并提出其竣工测量成果。

15. C。本题考核的是工程量清单计价与应用。因不可抗力事件导致的费用，发、承包双方应按以下原则分担并调整工程价款：（1）工程本身的损害、因工程损害导致第三方人员伤亡和财产损失以及运至施工现场用于施工的材料和待安装的设备的损害，由发包人承担。（2）发包人、承包人人员伤亡由其所在单位负责，并承担相应费用。（3）承包人施工机械设备的损坏及停工损失，由承包人承担。（4）停工期间，承包人应发包人要求留在施工现场的必要的管理人员及保卫人员的费用，由发包人承担。（5）工程所需清理、修复费用，由发包人承担。（6）工程价款调整报告应由受益方在合同约定时间内向合同的另一方提出，经对方确认后调整合同价款。

16. B。本题考核的是交通导行方案设计原则。交通导行方案设计原则包括：（1）施工期间的交通导行方案设计是施工组织设计的重要组成部分，必须周密考虑各种因素，满足社会交通流量，保证高峰期的需求，选取最佳方案并制定有效的保护措施。（2）交通导行方案要有利于施工组织和管理，确保车辆行人安全顺利通过施工区域，以使施工对人民群众、社会经济生活的影响降到最低。（3）交通导行应纳入施工现场管理，交通导行应根据不同的施工阶段设计交通导行方案，一般遵循占一还一，即占用一条车道还一条施工便道的原则。（4）交通导行图应与现场平面布置图协调一致。（5）采取不同的组织方式，保证交通流量、高峰期的需要。综上所述，选项A、C、D为交通导行方案设计原则，不包括选项B的内容。

17. C。本题考核的是水泥混凝土面层施工要求。（1）模板选择应与摊铺施工方式相匹配，模板的强度、刚度、断面尺寸、直顺度、板间错台等制作偏差与安装偏差不能超过规范要求。因此选项A正确。（2）铺筑时卸料、布料、摊铺速度控制、摊铺厚度、振实等应符合不同施工方式的相关要求，摊铺厚度应根据松铺系数确定。因此选项B正确。（3）水泥混凝土运输车辆要防止漏浆、漏料和离析，夏季烈日、大风、雨天和低温天气远距离运输时，应有相应措施确保混凝土质量。因此选项D正确。（4）抹面时宜分两次进行，严禁在面板上洒水、撒水泥粉。因此选项C错误。

18. D。本题考核的是水泥混凝土面层施工中的拌合与运输。每盘的搅拌时间应根据搅拌机的性能及拌合物的和易性、均质性、强度稳定性确定。严格控制总拌合时间，每盘最长总搅拌时间宜为80~120s。

19. B。本题考核的是钢筋混凝土管片拼装质量验收标准。钢筋混凝土管片不得有无内外贯穿裂缝和宽度大于0.2mm的裂缝及混凝土剥落现象。

20. B。本题考核的是安全检查的形式。季节性安全检查是针对施工所在地气候特点，可能给施工带来的危害而组织的安全检查，如雨期的防汛、冬期的防冻等，因此选项B属于季节性检查。选项A、C属于专项检查，选项D属于日常性检查。

二、多项选择题

21. B、E；　　22. A、B、C、E；　　23. A、B、D；

24. A、B、C；　　25. B、D、E；　　26. A、C、D；
27. B、C、D；　　28. A、B、C、D；　　29. A、B、E；
30. A、B、C、E。

【解析】

21. B、E。本题考核的是城镇道路大修维护技术要求。在改造设计时，需要对原有路面进行调查，调查一般采用地质雷达、弯沉或者取芯检测等手段，并依据规定进行评价；原有水泥混凝土路面作为道路基层强度是否符合设计要求，须由设计方给出评价结果并提出补强方案，因此A选项错误。

水泥混凝土路面改造加铺沥青面层：加铺前可以采用洒布沥青粘层油、摊铺土工布等柔性材料的方式对旧路面进行处理，因此B选项正确。

用土工合成材料和沥青混凝土面层对旧沥青路面裂缝进行防治，首先要对旧路进行外观评定和弯沉值测定，进而确定旧路处理和新料加铺方案。施工要点是：旧路面清洁与整平，土工合成材料张拉、搭接和固定，洒布粘层油，按设计或规范要求铺筑新沥青面层，因此C选项错误，正确的表述是：在旧沥青路面加铺沥青面层前应洒布粘层油。

D项错误：使用沥青密封膏处理旧水泥混凝土板缝。沥青密封膏具有良好的粘结力和抗水平与垂直变形能力，可以有效防止雨水渗入结构而引发冻胀。

加铺沥青面层垂直变形破坏预防措施：在大修前对局部破损部位进行过修补，应将这些破损部位彻底剔除并重新修复；不需要将板体整块凿除重新浇筑，采用局部修补的方法即可，因此E选项正确。

22. A、B、C、E。本题考核的是石灰稳定土基层运输与摊铺。厂拌石灰土类混合料摊铺时路床应润湿，因此D选项错误。

23. A、B、D。本题考核的是设计模板、支架和拱架的荷载组合。设计模板、支架和拱架的荷载组合见表2。

表2　设计模板、支架和拱架的荷载组合

模板构件名称	荷载组合	
	计算强度用	验算刚度用
梁、板和拱的底模及支承板、拱架、支架等	①+②+③+④+⑦+⑧	①+②+⑦+⑧
缘石、人行道、栏杆、柱、梁板、拱等的侧模板	④+⑤	⑤
基础、墩台等厚大结构物的侧模板	⑤+⑥	⑤

注：表中代号意思如下：
① 模板、拱架和支架自重。
② 新浇筑混凝土、钢筋混凝土或圬工、砌体的自重力。
③ 施工人员及施工材料机具等行走运输或堆放的荷载。
④ 振捣混凝土时的荷载。
⑤ 新浇筑混凝土对侧面模板的压力。
⑥ 倾倒混凝土时产生的水平向冲击荷载。
⑦ 设于水中的支架所承受的水流压力、波浪力、流冰压力、船只及其他漂浮物的撞击力。
⑧ 其他可能产生的荷载，如风雪荷载、冬期施工保温设施荷载等。

24. A、B、C。本题考核的是钢—混凝土结合梁施工技术。钢—混凝土结合梁施工中，现浇混凝土结构宜采用缓凝、早强、补偿收缩性混凝土。

25. B、D、E。本题考核的是钻孔灌注桩围护结构。钻孔灌注桩一般采用机械成孔。地铁明挖基坑中多采用螺旋钻机、冲击式钻机和正反循环钻机等。对正反循环钻机，由于其采用泥浆护壁成孔，故成孔时噪声低，适于城区施工，在地铁基坑和高层建筑深基坑施工中得到广泛应用。

26. A、C、D。本题考核的是场站工程构筑物结构形式与特点。水处理（调蓄）构筑物和泵房多数采用地下或半地下钢筋混凝土结构。特点是构件断面较薄，属于薄板或薄壳型结构，配筋率较高，具有较高抗渗性和良好的整体性要求。少数构筑物采用土膜结构如稳定塘等，面积大且有一定深度，抗渗性要求较高。综上所述，选项 A、C、D 正确，选项 B 错误，选项 E 未提及不选。

27. B、C、D。本题考核的是预制拼装给水排水构筑物现浇板缝施工。(1) 壁板接缝的内模宜一次安装到顶。因此选项 C 正确。(2) 外模应分段随浇随支。因此选项 B 正确。(3) 用于接头或拼缝的混凝土或砂浆，宜采取微膨胀和快速水泥，在浇筑过程中应振捣密实并采取必要的养护措施。因此选项 D 正确。(4) 浇筑前，接缝的壁板表面应洒水保持湿润，模内应洁净；接缝的混凝土强度应符合设计规定，设计无要求时，应比壁板混凝土强度提高一级。因此选项 E 错误。(5) 浇筑时间应根据气温和混凝土温度选在壁板间缝宽较大时进行。因此选项 A 错误。

28. A、B、C、D。本题考核的是城市管道巡视检查。城市管道检查主要方法包括人工检查法、自动监测法、分区检测法、区域泄漏普查系统法等。检测手段包括探测雷达、声呐、红外线检查、闭路监视系统（CCTV）等方法及仪器设备。

29. A、B、E。本题考核的是生活垃圾卫生填埋场填埋区的结构形式。垃圾卫生填埋场填埋区工程中单层防渗系统的结构层次从上至下主要为：渗沥液收集导排系统、防渗系统和基础层。

30. A、B、C、E。本题考核的是沥青混合料面层施工质量检查与验收。沥青混合料面层施工质量验收主控项目：原材料、压实度、面层厚度、弯沉值。

三、实务操作和案例分析题

（一）

1. 设计单位增设的 200mm 厚级配碎石层应设置在道路结构中的垫层（或设置在土路基与基层之间）层次。

作用：改善土基的湿度和温度状况（或提高路面结构的水稳性和抗冻胀能力），扩散荷载，减小土基所产生的变形。

2. “五牌”具体指工程概况牌、管理人员名单及监督电话牌、消防安全牌、安全生产（无重大事故）牌、文明施工牌。

“一图”指：施工总平面图。

3. 事件 1 中进入冬期施工的气温条件是：施工现场日平均气温连续 5d 低于 5℃或最低环境温度低于-3℃。

基层分项工程应在冬期施工到来之前 15~30d 完成。

4. 正确开挖雨水支管断面形式为（b）断面。

5. 事件 3 中钢筋进场时还需要检查的资料：生产厂的牌号、炉号，检验报告和合格证。

（二）

1. 施工单位进场开工的程序，不符合要求。

本工程进场开工的正确程序：施工单位在完成施工准备后，向监理单位提交开工报告，监理单位审查后由总监理工程师向施工单位发出开工通知（开工令），施工单位收到开工通知（开工令）后方可开工。

2. 施工组织设计中的建议不合理。

理由：(1) 若不对另一幅桥梁支架进行预压，则未消除拼装间隙、地基沉降等非弹性变形。

(2) 若不对另一幅桥梁支架进行预压，则未检验支架安全性。

(3) 左右两幅桥下地基地质情况不同，地基承载力亦会不同，两幅桥的施工沉降数据会有差别，故左右两幅桥均应检验支架基础的承载能力，均应进行支架基础预压和支架预压。

施工组织设计的审批程序：施工总承包单位技术负责人审批，并加盖企业公章，再报监理单位总监理工程师、建设单位项目负责人审核后方可实施。

3. 对施工管理人员的培训内容：①工地安全制度；②施工现场环境；③工程施工特点；④可能存在的不安全因素等。

对施工作业人员的培训内容：①本工种的安全操作规程；②事故案例剖析；③劳动纪律和岗位讲评等。

4. 应与下列单位取得联系：

建设单位；规划单位；电缆管线管理单位；电缆管线产权单位；铁路管理单位。

需要完成的手续：①编制地下电缆管线保护方案，并征得管理单位同意；②编制应急预案和有效安全技术措施，并经相关单位审核。

应采取的措施：①与建设单位、规划单位和管理单位协商确定地下电缆管线加固措施。②开工前，建设单位召开调查配合会，由产权单位指认所属设施及其准确位置，设明显标志。③在施工过程中，必须设专人随时检查地下管线、维护加固设施，以保持完好。④观测管线沉降和变形并记录，遇到异常情况，必须立即采取安全技术措施。

5. 侧模拆除时间：非承重侧模在混凝土强度保证结构棱角不损坏时方可拆除，混凝土强度宜为 2.5MPa 及以上。预应力混凝土结构侧模，应在预应力张拉前拆除。

底模拆除时间：应该在混凝土强度能承受其自重及其他可能的荷载时方可拆除。预应力混凝土结构底模，应在结构建立预应力张拉后拆除。

（三）

1. 区间隧道选择盾构法施工的理由：可使富水软土地层施工更安全；环境影响小，对建（构）筑物保护有利；不影响交通；不受天气影响；机械化程度高。

2. 盾构掘进施工环境监测内容应包括：地表沉降、房屋沉降（房屋倾斜）、管线沉降（管线位移）、道路沉降。

3. 甲公司与乙公司签订的是劳务分包合同。

甲公司与丙公司签订的是专业分包合同。

4. 丙公司承担主要责任；甲公司承担连带责任。

5. 冻结施工专项方案应由丙公司编制。

事件3中恢复冻结加固施工前需履行的程序：方案修改（补充）、重新审批方案、专家论证、复工申请、复工检查。

（四）

1. 根据图7：

雨水管道开槽深度 $H=40.64-37.04+0.3+0.1=4m$。

污水管道槽底高程 $M=40.64-3.1-3=34.54m$。

沟槽宽度 $B=3.1\times1+1+3\times1+0.8+5.5+1.8+0.3+1.45+4\times0.5=18.95m$。

2. 根据图7：

（1）地层：粉质黏土、细砂—中砂。

（2）边坡坡度中的 n 计算：

污水沟槽南侧边坡的宽度：5.5−0.8−1.45−0.3−1.8=1.15m；

污水沟槽南侧边坡的高度：（40.64−4）−34.54=2.1m。

根据图7及以上计算，可以得出污水沟槽南侧边坡坡度 $1:n=2.1:1.15$；则 $n=0.55$。

3.（1）该污水沟槽南侧边坡坍塌的可能原因：①边坡细砂—中砂地层，土体黏聚力差，易坍塌；②雨期施工；③边坡坡度过陡；④未根据不同土质采用不同坡度，未在不同土层处做成折线形边坡或留置台阶；⑤未采取护坡措施；⑥坡顶雨水箱涵附加荷载过大。

（2）可采取的边坡处理措施：①减小边坡坡度，根据不同土层合理确定边坡坡度，并在不同土层处做成折线形边坡或留置台阶；②坡顶采取防水、排水、截水等防护措施；③坡顶卸荷，坡脚压载；④坡脚设集水井；⑤采取叠放砂包或土袋、水泥砂浆或细石混凝土抹面、挂网喷浆或混凝土、塑料膜或土工织物覆盖坡面等护坡措施。

4. 为控制HDPE管道变形，项目部在回填中还应采取下列技术措施：

（1）管道两侧及管顶以上500mm范围内的回填材料，应由沟槽两侧对称运入槽内，不得直接扔在管道上；回填其他部位时，应均匀运入槽内，不得集中推入。

（2）管基有效支承角范围内应采用中粗砂填充密实，与管壁紧密接触，不得用土或其他材料填充。

（3）管道半径以下回填时应采取防止管道上浮、位移的措施。

（4）管道回填时间宜在一昼夜中气温最低时段，从管道两侧同时回填，同时夯实。

（5）管底基础部位开始到管顶以上500mm范围内，必须采用人工回填；管顶500mm以上部位，可用机具从管道轴线两侧同时夯实；每层回填高度应不大于200mm。

5. 沥青底面层横缝处理措施：

采用机械切割或人工刨除层厚不足部分，使工作缝成直角连接，清除切割时留下的泥水，干燥后涂刷粘层油，铺筑新混合料，接槎软化后，先横向碾压，再纵向碾压，连接平顺。

6. 沥青路面压实度测定方法有：钻芯法，核子密度仪法。

改性沥青面层振动压实还应注意遵循“紧跟，慢压，高频，低幅”的原则。

（五）

1.（1）桥梁多孔跨径总长为：20×3+10×2=80m。

（2）桥梁类型：中桥。

2. 围堰顶高程至少应为：6.000+(0.5~0.7)= 6.500~6.700m。

3. （1）1号墩、4号墩的桩基混凝土用量为：$[1.500-(-11.000)+0.5]\times\pi\times(1.0\div2)^2\times9\times2\times(1+15\%)=211.35m^3$。

（2）2号、3号墩的桩基混凝土用量为：$[1.500-(-15.500)+0.5]\times\pi\times(1.0\div2)^2\times9\times2\times(1+15\%)=284.51m^3$。

（3）全桥桩基混凝土总用量为：$211.35+284.51=495.86m^3$。

（4）商品混凝土总费用为：495.86×400=19.83万元。

4. 事件1中，改正项目部桩基混凝土灌注过程的不妥之处：

（1）坍落度不符合要求，混凝土坍落度评定时应以浇筑地点的测值为准，宜为180~220mm。

（2）导管首次埋入混凝土灌注面以下不应少于1.0m。

（3）正常灌注时导管埋入混凝土深度宜为2~6m。

5. T梁总数为：3×6=18片；

T梁预制时间为：18÷3×7=42d；

T梁运输、安装时间为：18-6=3d；

T梁从预制到安装完成所需要的工期为：42+3=45d。

6. 事件3中，请改正施工质量验收的错误之处：

（1）单位工程完工后，施工单位应自行组织有关人员进行自检。

（2）总监理工程师应组织竣工预验收。

（3）灌注桩工程、现浇混凝土墩台工程属于分部（子分部）工程，应由总监理工程师组织验收。

（4）现浇混凝土墩台模板与支架工程、钢筋工程、混凝土工程属于分项工程，应由专业监理工程师组织验收。